INTRODUÇÃO À PROTEÇÃO DOS SISTEMAS ELÉTRICOS

Blucher

AMADEU C. CAMINHA
Professor livre-docente da
Escola Federal de Engenharia de Itajubá, Minas Gerais

INTRODUÇÃO À PROTEÇÃO DOS SISTEMAS ELÉTRICOS

Introdução à proteção dos sistemas elétricos
© 1977 Amadeu C. Caminha
16ª reimpressão – 2019
Editora Edgard Blücher Ltda.

Blucher

Rua Pedroso Alvarenga, 1245, 4º andar
04531-934 – São Paulo – SP – Brasil
Tel.: 55 11 3078-5366
contato@blucher.com.br
www.blucher.com.br

É proibida a reprodução total ou parcial
por quaisquer meios sem autorização
escrita da editora.

Todos os direitos reservados pela Editora
Edgard Blücher Ltda.

Dados Internacionais de Catalogação na Publicação (CIP)
(Câmara Brasileira do Livro, SP, Brasil)

Caminha, Amadeu Casal
C191i   Introdução à proteção dos sistemas
elétricos /Amadeu Casal Caminha –
São Paulo : Blucher, 1977

Bibliografia.
ISBN 978-85-212-0136-6

1. Relés elétricos 2. Relés elétricos –
Problemas, exercícios, etc. 3. Relés protetores
4. Sistemas elétricos – Proteção
I. Título.

17.	CDD-621.3178
18.	-621.317
17.	-621.3178076
18.	-621.317076

77-0634

Índices para catálogo sistemático:

1. Dispositivos de proteção : Sistemas elétricos :
Engenharia elétrica   621.3178 (17.) 621.317 (18.)

2. Exercícios : Relés : Engenharia elétrica   621.3178076
(17.) 621.317076 (18.)

3. Problemas : Relés : Engenharia elétrica   621.3178076
(17.) 621.317076 (18.)

4. Relés : Engenharia elétrica   621.3178 (17.)
621.317 (18.)

5. Sistemas elétricos : Proteção : Engenharia elétrica
621.3178 (17.) 621.317 (18.)

CONTEÚDO

PREFÁCIO XI

1.ª PARTE INTRODUÇÃO À PROTEÇÃO

Capítulo 1 FILOSOFIA DE PROTEÇÃO DOS SISTEMAS

1.1 Exploração de um sistema de energia elétrica 3
    1.1.1 *Programas de geração* 3
    1.1.2 *Esquemas de interconexão* 3
    1.1.3 *Conjunto coerente de proteções* 4
1.2 Tratamento estatístico dos defeitos 4
1.3 Aspectos considerados na proteção 5
1.4 Análise generalizada da proteção 6
1.5 Características gerais dos equipamentos de proteção 7
1.6 Características funcionais do releamento 9
    Exercícios 10

Capítulo 2 PRINCÍPIOS FUNDAMENTAIS DOS RELÉS

2.1 Definição e classificação dos relés 12
2.2 O relé elementar 13
2.3 Qualidades requeridas de um relé 15
2.4 Critérios de existência de falta e seus efeitos 15

2.ª PARTE INSTRUMENTAL DA PROTEÇÃO POR MEIO DE RELÉS

Capítulo 3 RELÉS DE CORRENTE, TENSÃO E POTÊNCIA

3.1 Definições gerais 19
3.2 O relé de indução 20
3.3 Equação universal dos relés 23
3.4 Ajuste dos relés de corrente 24
3.5 Relés de tensão 26
3.6 Relé de balanço de correntes 27
3.7 Relé estático, tipo ponte 28

3.8	Relés direcionais e/ou de potência	29
	3.8.1 *Relés direcionais de potência*	29
	3.8.2 *Relés direcionais para proteção contra curto-circuito*	30
	3.8.3 *Relé direcional de efeito Hall*	32
	3.8.4 *Relés direcionais*	32
	3.8.5 *Aplicações*	32
	Anexo I — Nomenclatura ASA	35
	Exercícios	38

Capítulo 4 RELÉS DIFERENCIAIS, DE FREQÜÊNCIA, DE TEMPO E AUXILIARES

4.1	Relés diferenciais	40
	4.1.1 *Relé diferencial amperimétrico*	40
	4.1.2 *Relé diferencial à porcentagem*	40
4.2	Relés de freqüência	42
4.3	Relés de tempo	43
4.4	Relés auxiliares ou intermediários	45
4.5	Aplicações	46
	Exercícios	49

Capítulo 5 RELÉS DE DISTÂNCIA

5.1	Introdução	50
5.2	Causas perturbadoras na medição	51
5.3	Equações e curvas características	51
	5.3.1 *Relé de impedância ou ohm*	52
	5.3.2 *Relé de reatância*	55
	5.3.3 *Relé mho ou de admitância*	56
	5.3.4 *Relé de impedância modificado*	58
5.4	Indicações de uso dos relés de distância	59
	Exercícios	59

Capítulo 6 RELÉS COM CANAL PILOTO

6.1	Introdução	61
6.2	Sistema de onda portadora por comparação direcional	62

Capítulo 7 REDUTORES DE MEDIDA E FILTROS

7.1	Introdução	69
7.2	Transformadores de corrente	69
	7.2.1 *Caracterização de um TC*	69
7.3	Transformadores de potencial	74
	7.3.1 *Caracterização de um TP*	74
	7.3.2 *Transformadores de potencial capacitivos*	75
7.4	Filtros de componentes	76
	7.4.1 *Filtros de seqüência zero*	77
	7.4.2 *Filtros de seqüência negativa*	78
7.5	Aplicações	78
	Anexo I — Cargas típicas para especificação de TC	82
	Anexo II — Tensões nominais para transformadores de potencial	83
	Exercícios	84

Capítulo 8 **RELÉS SEMI-ESTÁTICOS E ESTÁTICOS**

8.1 Introdução 86
8.2 Relés semi-estáticos 86
    8.2.1 *Relé de impedância combinada ou ohm deslocado* 87
    8.2.2 *Relé direcional* 88
8.3 Relés estáticos 89
    8.3.1 *Relé de sobrecorrente estático* 90
    8.3.2 *Relés de distância estáticos* 92

Capítulo 9 **PANORAMA GERAL DA PROTEÇÃO DE UM SISTEMA**

9.1 Introdução 98
9.2 Proteção de geradores 98
9.3 Proteção de transformadores 99
9.4 Proteção dos barramentos 100
9.5 Proteção das linhas 100
9.6 Síntese dos tipos correntes de proteção de linhas 102

3.ª PARTE   APLICAÇÕES DOS RELÉS AOS ELEMENTOS DO SISTEMA

Capítulo 10 **PROTEÇÃO DAS MÁQUINAS ROTATIVAS**

10.1 Introdução 109
10.2 Proteção de geradores 109
10.3 Esquemático de uma proteção de gerador 111
10.4 Proteção diferencial do estator contra curto-circuito 112
10.5 Proteção diferencial do estator contra curto-circuito entre espiras 115
10.6 Proteção diferencial do estator contra falta à terra 116
10.7 Proteção de retaguarda do estator por meio de relés de sobrecorrente 117
10.8 Proteção contra circuito aberto no estator 118
10.9 Proteção contra sobreaquecimento do estator 118
10.10 Proteção contra sobretensão 119
10.11 Proteção contra perda de sincronismo 120
10.1 Proteção do rotor contra curto-circuito no campo 120
10.13 Proteção contra aquecimento do rotor devido a correntes desequilibradas do estator 121
10.14 Proteção contra perda de excitação ou de campo 123
10.15 Proteção contra aquecimento do rotor devido à sobreexcitação 124
10.16 Proteção contra vibração 125
10.17 Proteção contra motorização 125
10.18 Proteção contra sobrevelocidade 125
10.19 Proteção contra sobreaquecimento dos mancais 125
10.20 Proteção de retaguarda contra falta externa 125
10.21 Outras proteções diversas 126
10.22 Proteção dos motores 126
10.23 Aplicações sobre proteção de gerador 128
    Exercícios 142

Capítulo 11 **PROTEÇÃO DE TRANSFORMADORES**

11.1 Introdução 144
11.2 Proteção contra curto-circuito interno nos enrolamentos 145
    11.2.1 *Proteção diferencial percentual* 145
    11.2.2 *Proteção de sobrecorrente* 149
    11.2.3 *Proteção por meio de relé de pressão e/ou de gás* 150
    11.2.4 *Proteção por derivação ou massa-cuba* 151
11.3 Proteção contra sobrecarga 151
11.4 Proteção de retaguarda 152
11.5 Desligamento remoto 152
11.6 Aplicações sobre proteção de transformador 153
    Exercícios 156

Capítulo 12 **PROTEÇÃO DE BARRAMENTOS**

12.1 Introdução 159
12.2 Sistemas de proteção de barras 160
12.3 Proteção diferencial de barras 161
    12.3.1 *Releamento diferencial com relés de sobrecorrente* 161
    12.3.2 *Releamento diferencial percentual* 162
    12.3.3 *Releamento diferencial com acopladores lineares* 162
    12.3.4 *Releamento diferencial com relé de sobretensão* 163
    12.3.5 *Proteção diferencial combinada* 164
12.4 Proteção de retaguarda 164
12.5 Proteção de massa ou dispersão pela carcaça 164
12.6 Proteção por comparação direcional 165
12.7 Aplicações sobre proteção de barra 165

Capítulo 13 **PROTEÇÃO DE LINHAS**

13.1 Proteção de sobrecorrente 168
    13.1.1 *Curvas tempo-corrente* 169
    13.1.2 *Princípios de ajuste e coordenação* 170
13.2 Proteção de distância 180
    13.2.1 *Princípio de medida da impedância* 180
    13.2.2 *Ajuste dos relés de distância* 181
    13.2.3 *Comportamento da proteção na perda de sincronismo* 182
    13.2.4 *Efeito de um capacitor-série nas linhas* 184
13.3 Proteção por meio de releamento piloto 186
    13.3.1 *Releamento com fio piloto* 186
    13.3.2 *Releamento carrier ou de onda portadora* 186
    13.3.3 *Releamento por microonda* 186
13.4 Aplicações de proteção com relés de distância 186
    Exercícios 197

Capítulo 14 **COORDENAÇÃO DA PROTEÇÃO DE UM SISTEMA**

14.1 Introdução 198
14.2 Princípios de coordenação 198
14.3 A geometria da proteção 199
14.4 Método de verificação gráfica de coordenação da proteção de sobrecorrente 199

PREFÁCIO

A dificuldade em encontrar um livro-texto em português, aliado à necessidade de bem aproveitar o pouco tempo disponível no curso de graduação para assuntos tão específicos, levaram-nos à tentativa de produzir este trabalho. Assim, pretendemos que ele venha a ser uma ponte realística entre o ideal e o possível.

Basicamente o assunto foi dividido em três partes. Na primeira, foi feita uma introdução à proteção, apresentando um sumário de princípios filosóficos que a caracteriza. Na segunda, buscamos apresentar o chamado instrumental da proteção, constando de uma descrição sistemática dos relés e redutores de medida. Na terceira parte, apresentamos as aplicações dos relés aos elementos do sistema, cobrindo o emprego em máquinas rotativas e estáticas, barramentos e linhas, completando-se com um capítulo referente à coordenação da proteção de sobrecorrente de um sistema.

Procuramos selecionar alguns exemplos numéricos, buscando fixar os conceitos teóricos, e apresentar ainda no final dos capítulos alguns exercícios a serem resolvidos. Por último, consignamos em diversas oportunidades os assuntos cuja complementação é feita em cursos mais avançados.

Gostaríamos de dizer que esta obra só foi concluída graças ao auxílio e estímulo de inúmeras pessoas amigas. Em primeiro lugar citaremos os caríssimos companheiros com os quais trabalhamos em equipe, durante grande parte dos sete anos que lecionamos o assunto na Escola Federal de Engenharia de Itajubá, em cursos de graduação e pós-graduação. São eles os professores Márcio A. Curi (Siemens do Brasil) e Ademir C. Guimarães (TRIEL), e os engenheiros Francisco Rennó Neto (TRIEL), Eric Hermeto (CEMIG) e Amilcar A. Milasch (Furnas). Cabe-nos, também, agradecer ao professor Rubens D. Fuchs, nosso dileto amigo e chefe do Departamento de Eletricidade, que, na forma das instruções da Diretoria da EFEI, concedeu-nos o imprescindível apoio da Secretaria.

À senhorita Sônia Maria Maia, os agradecimentos pela datilografia, e aos senhores Anchieta Nogueira B. Guimarães e Argemiro dos Santos pelo trabalho de desenho. Ao senhor Mozart José Machado e senhorita Rita Maria de Oliveira, os agradecimentos pelo auxílio na montagem do texto.

Esta lista de agradecimentos ficaria muito incompleta se não registrássemos o irrestrito apoio recebido da Eletrobrás, através de sua Diretoria de Operação de Sistemas, durante o tempo em que acumulamos as funções de professor e coordenador do Curso de Engenharia de Sistemas Elétricos (CESE), no convênio entre aquela empresa e a EFEI.

Finalmente, à minha esposa Júlia e aos meus filhos acadêmicos Júlia Cristina e Júlio César, nossa imorredoura gratidão pelo carinho, compreensão e estímulo com que nos envolveram durante os muitos meses dedicados à preparação desta obra.

Itajubá, junho de 1977

Amadeu C. Caminha

1.ª PARTE
Introdução à proteção

CAPÍTULO 1

FILOSOFIA DE PROTEÇÃO DOS SISTEMAS

1.1 Exploração de um sistema de energia elétrica

Em oposição ao intento de garantir economicamente a qualidade do serviço e assegurar uma vida razoável às instalações, os concessionários dos Sistemas de Energia Elétrica defrontam-se com as perturbações e anomalias de funcionamento que afetam as redes elétricas e seus órgãos de controle.

Se admitirmos que, na fixação do equipamento global, já foi considerada a previsão de crescimento do consumo, três outras preocupações persistem para o concessionário:

a elaboração de programas ótimos de geração;
a constituição de esquemas de interconexão apropriados;
a utilização de um conjunto coerente de proteções.

1.1.1 PROGRAMAS DE GERAÇÃO

Devem realizar o compromisso ótimo entre:

a) a utilização mais econômica dos grupos geradores disponíveis;

b) a repartição geográfica dos grupos em serviço, evitando as sobrecargas permanentes de transformadores e linhas de transmissão, e assegurando nos principais nós de consumo uma produção local suficiente ao atendimento dos usuários prioritários, na hipótese de um grave incidente sobre a rede.

1.1.2 ESQUEMAS DE INTERCONEXÃO

Mesmo fugindo, por vezes, à condição ideal de realização da rede em malha, devido a razões como a extensão territorial e o custo, deve-se tentar atingir os objetivos seguintes:

a) limitação do valor da corrente de curto-circuito entre fases a um valor compatível com a salvaguarda do material constitutivo da rede; por exemplo, 40 kA em 380 kV, 30 kA em 220 kV, etc.;

4　　　*Introdução à proteção dos sistemas elétricos*

b) evitar, em caso de incidente, inadmissível transferência de carga sobre as linhas ou instalações que permanecerem em serviço, impedindo-se com isso

sobreaquecimento,
funcionamento anárquico das proteções,
rutura de sincronismo entre as regiões ou sistemas interligados.

1.1.3 CONJUNTO COERENTE DE PROTEÇÕES

Para atenuar os efeitos das perturbações, o sistema de proteção deve:

a) assegurar, o melhor possível, a continuidade de alimentação dos usuários;
b) salvaguardar o material e as instalações da rede.

No cumprimento dessas missões ele deve:

tanto alertar os operadores em caso de perigo não imediato,
como retirar de serviço a instalação se há, por exemplo, um curto-circuito que arriscaria deteriorar um equipamento ou afetar toda a rede.

Verifica-se, assim, que há necessidade de dispositivos de proteção distintos para:

a) as situações anormais de funcionamento do conjunto interconectado, ou de elementos isolados da rede (perdas de sincronismo, por exemplo);
b) os curto-circuitos e os defeitos de isolamento.

1.2　Tratamento estatístico dos defeitos

As estatísticas conhecidas nem sempre são completamente coerentes, segundo as diversas fontes consultadas. No entanto, algumas informações são particularmente úteis, por exemplo, nas fases de planejamento. No entanto, deve-se ter cuidado de lembrar nas análises, por exemplo, que a incidência de certos tipos particulares de defeito dependem da localização; assim, em lugares extremamente secos, como áreas desérticas, as faltas à terra são mais raras, ao passo que em outros locais elas constituem maioria.

Como indicação, em certo sistema de 132/275 kV, registrou-se a seguinte distribuição de faltas (em percentagem e capacidade instalada), em um ano recente:

Equipamento	*Percentagem do total anual*
Linhas aéreas (acima de 132 kV)	33 % ou 1 falta/80 km
Cabos (se incluídas as muflas)	9 % ou 2 (3) faltas/80 km
Equipamento de manobra	10 % ou 1 falta/450 MW
Transformadores	12 % ou 1 falta/15 MW
Geradores	7 % ou 1 falta/40 MW
Equipamento secundário (*TC*, *TP*, relés, fiação, etc.)	29 % ou 1 falta/150 MW

Filosofia de proteção dos sistemas

Ainda para outro sistema de muita alta-tensão constatou-se, recentemente:

a) desligamentos devidos a descargas atmosféricas: 10-20% do total;
b) tempo médio de interrupção de fornecimento aos usuários, em período de 10 anos,
devido a tempestades, foi de 2,3 min/ano,
devido ao total de defeitos, foi de 12 min/ano;
c) os defeitos fugitivos ou passageiros constituíram 95% dos casos totais, e desses, 85% foram do tipo fase-terra.

É fácil verificar-se que para um sistema com boa coleta de dados estatísticos, devidamente tratados, pode-se prever um sistema de proteção adequado, dentro de riscos razoáveis. Voltaremos ao assunto quando da aplicação dos diversos dispositivos de proteção. No entanto, é bom indicar que atualmente as falhas em um sistema elétrico podem distribuir-se, aproximadamente, em:

falhas devidas a natureza elétrica diversa, 73%;
falhas de atuação de relés e outros dispositivos automáticos, 12%;
falhas devidas a erros de pessoal, 15%.

1.3 Aspectos considerados na proteção

Na proteção de um sistema elétrico, devem ser examinados três aspectos:

1) operação normal,
2) prevenção contra falhas elétricas,
3) e a limitação dos defeitos devidos às falhas.

A operação normal presume

inexistência de falhas do equipamento,
inexistência de erros do pessoal de operação,
e inexistência de incidentes ditos "segundo a vontade de Deus".

Sendo, pois, fútil — se não antieconômico — pensar-se em eliminar por completo as falhas, segundo as estatísticas que apresentamos, providências devem ser tomadas no sentido de prevenção e/ou limitação dos efeitos das falhas. Algumas providências na prevenção contra as faltas são:

previsão de isolamento adequado,
coordenação do isolamento,
uso de cabos pára-raios e baixa resistência de pé-de-torre,
apropriadas instruções de operação e manutenção, etc.

A limitação dos efeitos das falhas inclui:

limitação da magnitude da corrente de curto-circuito (reatores);
projeto capaz de suportar os efeitos mecânicos e térmicos das correntes de defeito;

6

Introdução à proteção dos sistemas elétricos

existência de circuitos múltiplos (duplicata) e geradores de reserva;

existência de releamento e outros dispositivos, bem como disjuntores com suficiente capacidade de interrupção;

meios para observar a efetividade das medidas acima (oscilógrafos e observação humana);

finalmente, freqüentes análises sobre as mudanças no sistema (crescimento e desdobramento das cargas) com os conseqüentes reajustes dos relés, reorganização do esquema operativo, etc.

Verifica-se, pois, que o releamento é apenas uma das várias providências no sentido de minimizar danos aos equipamentos e interrupções no serviço, quando ocorrem falhas elétricas no sistema. Contudo, devido à sua situação de verdadeira "sentinela silenciosa" do sistema, justifica-se a ênfase do presente estudo.

1.4 Análise generalizada da proteção

Basicamente, em um sistema encontram-se os seguintes tipos de proteção:

proteção contra incêndio,
proteção pelos relés, ou releamento, e por fusíveis,
proteção contra descargas atmosféricas e surtos de manobra.

Um estudo de proteção leva, pois, em conta as seguintes considerações principais:

a) elétricas, devidas às características do sistema de potência (natureza das faltas, sensibilidade para a instabilidade, regimes e características gerais dos equipamentos, condições de operação, etc.);

b) econômicas, devidas à importância funcional do equipamento (custo do equipamento principal *versus* custo relativo do sistema de proteção);

c) físicas, devidas principalmente às facilidades de manutenção, acomodação (dos relés e redutores de medida), distância entre pontos de releamento (carregamento dos *TC*, uso de fio piloto), etc.

É importante dizer-se que o releamento, principal objetivo deste estudo, minimiza:

o custo de reparação dos estragos;

a probabilidade de que o defeito possa propagar-se e envolver outro equipamento;

o tempo que o equipamento fica inativo, reduzindo a necessidade das reservas,

a perda de renda e o agastamento das relações públicas, enquanto o equipamento está fora de serviço.

Filosofia de proteção dos sistemas

Isso tudo, a um custo da ordem de 2-5% daquele correspondente aos equipamentos protegidos. É, pois, um seguro barato, principalmente considerando-se o tempo usual para depreciação dos equipamentos.

1.5 Características gerais dos equipamentos de proteção

Há dois princípios gerais a serem obedecidos, em seqüência:

1. Em nenhum caso a proteção deve dar ordens, se não existe defeito na sua zona de controle (desligamentos intempestivos podem ser piores que a falha de atuação);

2. Se existe defeito nessa zona, as ordens devem corresponder exatamente àquilo que se espera, considerada que seja a forma, intensidade e localização do defeito.

Disso resulta que a proteção por meio de relés, ou o releamento, tem duas funções:

a) função principal — que é a de promover uma rápida retirada de serviço de um elemento do sistema, quando esse sofre um curto-circuito, ou quando ele começa a operar de modo anormal que possa causar danos ou, de outro modo, interferir com a correta operação do resto do sistema.

Nessa função um relé (elemento detetor-comparador e analisador) é auxiliado pelo disjuntor (interruptor), ou então um fusível engloba as duas funções (Fig. 1.1).

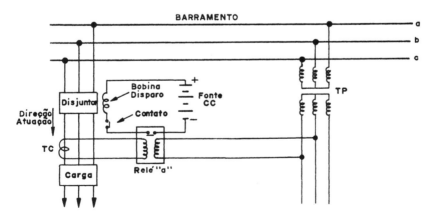

FIGURA 1.1 Conjunto relé-disjuntor

b) função secundária — promovendo a indicação da localização e do tipo do defeito, visando mais rápida reparação e possibilidade de análise da eficiência e características de mitigação da proteção adotada.

Dentro dessa idéia geral, os chamados *princípios fundamentais do releamento* compreendem (Fig. 1.2):

releamento primário ou de primeira linha;
releamento de retaguarda ou de socorro;
releamento auxiliar.

a) O releamento primário é aquele em que: uma zona de proteção separada é estabelecida ao redor de cada elemento do sistema, com vistas à seletividade, pelo que disjuntores são colocados na conexão de cada dois elementos; há uma superposição das zonas, em torno dos disjuntores, visando ao socorro em caso de falha da proteção principal; se isso de fato ocorre, obviamente, prejudica-se a seletividade, mas esse é o mal menor.

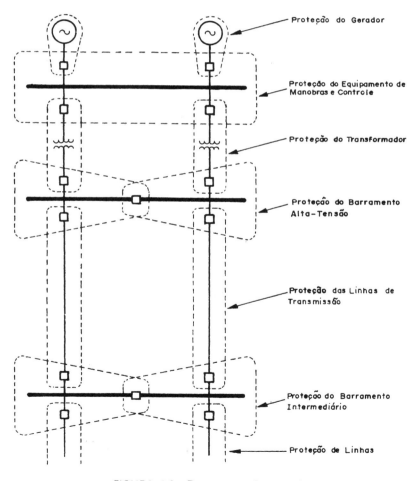

FIGURA 1.2 Zoneamento da proteção

b) O releamento de retaguarda, cuja finalidade é a de atuar na manutenção do releamento primário ou falha deste, só é usado, por motivos econômicos, para determinados elementos do circuito e somente contra curto-circuito. No entanto, sua previsão deve-se à probabilidade de ocorrer falhas, seja, na corrente ou tensão fornecida ao relé; ou na fonte de corrente de acionamento do disjuntor; ou no circuito de disparo ou no mecanismo do disjuntor; ou no próprio relé, etc.

Nestas condições, é desejável que o releamento de retaguarda seja arranjado independentemente das possíveis razões de falha do releamento primário. Uma observação importante é que o releamento de retaguarda não substitui uma boa manutenção, ou vice-versa.

c) O releamento auxiliar tem função como multiplicador de contatos, sinalização ou temporizador, etc.

1.6 Características funcionais do releamento

Sensibilidade, seletividade, velocidade e confiabilidade são termos comumente usados para descrever as características funcionais do releamento.

Por vezes há certas contradições na aplicação conjunta desses termos; assim, por exemplo, a velocidade de operação dos relés pode ter que ser controlada devido a razões de coordenação com a velocidade de operação de outros relés em cascata, etc.

a) A velocidade ou rapidez de ação, na ocorrência de um curto-circuito, visa a

diminuir a extensão do dano ocorrido (proporcional a RI^2t);

auxiliar a manutenção da estabilidade das máquinas operando em paralelo;

melhorar as condições para re-sincronização dos motores;

assegurar a manutenção de condições normais de operação nas partes sadias do sistema;

diminuir o tempo total de paralização dos consumidores de energia;

diminuir o tempo total de não liberação de potência, durante a verificação de dano, etc.

Evidentemente, relés rápidos devem ser associados a disjuntores rápidos, de modo a dar tempo de operação total pequeno. De fato, com o aumento da velocidade do releamento, mais carga pode ser transportada sobre um sistema, do que resulta economia global aumentada (evita-se, às vezes, a necessidade de duplicar certas linhas: ver Fig. 1.3).

b) Por sensibilidade entende-se a capacidade da proteção responder às anormalidades nas condições de operação, e aos curto-circuitos para os quais foi projetada.

É apreciado por um fator de sensibilidade, da forma

$$k = I_{cc\,min}/I_{pp},$$

onde, e por exemplo,

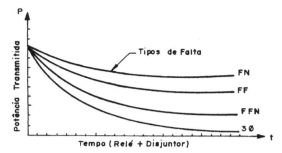

FIGURA 1.3 Relacionamento da potência transmitida e velocidade do releamento

$I_{cc\,min}$ = calculada para o curto-circuito franco no extremo mais afastado da seção de linha, e sob condição de geração mínima;

I_{pp} = corrente primária de operação da proteção (valor mínimo da corrente de acionamento ou de picape, exigida pelo fabricante do relé).

O valor de $k \geqslant 1,5$ a 2, é usual.

c) Define-se confiabilidade como a probabilidade de um componente, um equipamento ou um sistema satisfazer a função prevista, sob dadas circunstâncias.

A longa inatividade, seguida de operação em condições difíceis, exige do equipamento de proteção simplicidade e robustez, e isso traduz-se em fabricação empregando matéria-prima adequada com mão-de-obra não só altamente capaz, mas também experimentada.

d) Por seletividade entende-se a propriedade da proteção em reconhecer e selecionar entre aquelas condições para as quais uma imediata operação é requerida, e aquelas para as quais nenhuma operação ou um retardo de atuação é exigido.

EXERCÍCIOS

1. Para cada uma das condições seguintes, e conforme esquema da Fig. 1.4, indicar quais disjuntores devem atuar. Supor inicialmente que só a proteção remota ou distante atue. Repetir o problema supondo que ambas as proteções, local e remota, sejam usadas.

Condições	Proteção remota	Proteção remota e local
a) Falta em f_1 e o disjuntor 9 falha na abertura		
b) Falta em f_2 e falha do relé diferencial de barra		
c) Falta em f_3 e o disjuntor 5 falha na abertura		
d) Falta em f_4 e o disjuntor 3 falha na abertura		

Filosofia de proteção dos sistemas

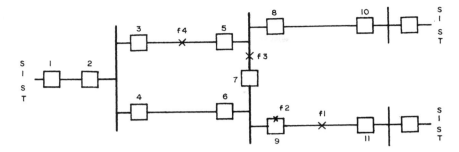

FIGURA 1.4

CAPÍTULO 2

PRINCÍPIOS FUNDAMENTAIS DOS RELÉS

Os relés constituem a mais poderosa ferramenta do Engenheiro de proteção. Por isso vamos inicialmente conhecê-los como instrumental e, posteriormente, analisar suas utilizações específicas.

2.1 Definição e classificação dos relés

Segundo a ABNT, o relé é um dispositivo por meio do qual um equipamento elétrico é operado quando se produzem variações nas condições deste equipamento ou do circuito em que ele está ligado, ou em outro equipamento ou circuito associado.

Outras normas definem o relé como um dispositivo cuja função é detetar nas linhas ou aparelhos faltosos, perigosas ou indesejáveis condições do sistema, e iniciar convenientes manobras de chaveamento ou dar aviso adequado.

Há uma grande variedade de relés, atendendo às diversas aplicações, porém eles podem ser reduzidos a um pequeno número de tipos, didaticamente falando.

Assim, podemos classificar os relés, basicamente:

a) quanto às grandezas físicas de atuação: elétricas, mecânicas, térmicas, óticas, etc.;

b) quanto à natureza da grandeza a que respondem: corrente, tensão, potência, freqüência, pressão, temperatura, etc.;

c) quanto ao tipo construtivo: eletromecânicos (indução), mecânicos (centrífugo), eletrônicos (fotoelétrico), estáticos (efeito Hall), etc.;

d) quanto à função: sobre e subcorrente, tensão ou potência, direcional de corrente ou potência, diferencial, distância, etc.;

e) quanto à forma de conexão do elemento sensor: direto no circuito primário ou através de redutores de medida;

f) quanto ao tipo de fonte para atuação do elemento de controle: corrente alternada ou contínua;

g) quanto ao grau de importância: principal (51 ASA) ou intermediário (86 ASA);

h) quanto ao posicionamento dos contatos (com circuito desenergizado): normalmente aberto ou fechado;

Princípios fundamentais dos relés

i) quanto à aplicação: máquinas rotativas (gerador) ou estáticas (transformadores), linhas aéreas ou subterrâneas, aparelhos em geral;

j) quanto à temporização: instantâneo (sem retardo proposital) e temporizado (mecânica, elétrica ou eletronicamente, por exemplo).

2.2 O relé elementar

Seja um circuito monofásico, contendo uma fonte de tensão (U), alimentando uma carga (Z), do que resulta uma corrente circulante (I) (veja a Fig. 2.1). Nesse circuito foi introduzido um relé elementar, do tipo eletromecânico: uma estrutura em charneira, composta de um núcleo fixo e uma armadura móvel à qual estão solidários o contato móvel e uma mola, o que obriga o circuito magnético ficar aberto em uma posição regulável. O núcleo é percorrido por um fluxo proporcional à corrente do circuito, circulando na bobina do relé, e isso faz com que seja possível que o contato móvel feche um circuito operativo auxiliar (fonte de corrente contínua, nesse caso), alimentando um alarme (lâmpada) e/ou o disparador do disjuntor colocado no circuito principal, sempre que $F_e > F_m$.

Por motivos de projeto, o valor I deve ser limitado e assim, sempre que excede um valor prefixado I_a (denominado corrente de atuação, de picape, de acionamento ou de operação do relé), o circuito deve ser interrompido, por exemplo, pelo fornecimento de um impulso de operação (I_{op}) enviado à bobina do disparador do disjuntor, ou pelo menos, ser assinalada aquela ultrapassagem por um alarme (lâmpada, buzina).

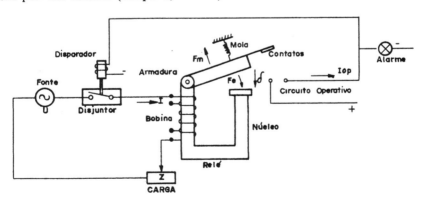

FIGURA 2.1 Relé elementar

Sabemos dos princípios da conversão eletromecânica que a força eletromagnética (F_e) desenvolvida através do entreferro (δ) pelo fluxo no núcleo, e provocada pela corrente I na bobina do relé, segundo a fórmula de Picou, neste tipo de estrutura, é

$$F_e \simeq KI^2,$$

onde K leva em conta a taxa de variação da permeância do entreferro, o número de espiras, e ajusta as unidades, convenientemente.

Por outro lado, existe a força da mola (F_m), opondo-se ao deslocamento da armadura.

Há, pois, no relé:

órgãos motores (bobina);
órgãos antagonistas (mola, gravidade);
órgãos auxiliares (contatos, amortecedores) do que resulta, no releamento, a presença de

a) elemento sensor — ou detetor — às vezes chamado elemento de medida que responde às variações da grandeza atuante (I),

b) elemento comparador — entre a grandeza atuante (F_e) e um comportamento pré-determinado (F_m),

c) elemento de controle — efetuando uma brusca mudança na grandeza de controle, por exemplo, fechando os contatos do circuito da bobina de disparo do disjuntor.

Graficamente, uma função $I(t)$ pode mostrar o funcionamento do relé [Fig. 2.2(a)], a partir de um instante (t_1) em que a corrente de carga inicial (I_i) começa a crescer, atingindo após certo tempo (t_2) o valor da corrente de acionamento (I_a). Durante um intervalo de tempo (t_3-t_2) o disjuntor atua abrindo o circuito, com o que em (t_3) a corrente começa a decrescer; ao passar por (t_4), onde $F_e < F_m$, o relé abre seu circuito magnético.

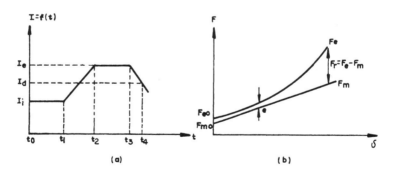

FIGURA 2.2 Gráficos auxiliares

Denomina-se relação de recomposição (dropaute, percentagem de retorno, ou de relaxamento) do relé o valor $K_d = I_d/I_a$, e que varia entre 0,7-0,95 na prática, conforme o tipo de relé. A esse valor de corrente de desatracamento, corresponde um tempo de retorno do relé à sua posição inicial, e que é importante em certas aplicações, como veremos mais adiante.

Verifica-se, pois, que para um relé atuar é preciso haver uma força residual: $F_r = (F_e - F_m) > 0$, e que está representada na Fig. 2.2(b), onde

F_e = característica eletromecânica da bobina $\simeq KI^2$;
F_m = característica mecânica da mola de restrição $\simeq Kx$;

Princípios fundamentais dos relés **15**

F_{e0} = força eletromagnética de atuação: $e + F_{m0}$;
F_{m0} = esforço inicial da mola;
e = compensação de atrito do eixo, peso próprio da armadura, etc.

Outros tipos de estruturas, algo mais sofisticadas, serão apresentadas adiante. No entanto, o princípio básico de funcionamento dos relés é o acima descrito.

2.3 Qualidades requeridas de um relé

Para cumprir sua finalidade, os relés devem:

a) ser tão simples (confiabilidade) e robustos (efeitos dinâmicos da corrente de defeito) o quanto possível;

b) ser tão rápidos (razões de estabilidade do sistema) o quanto possível, independentemente do valor, natureza e localização do defeito;

c) ter baixo consumo próprio (especificação dos redutores de medida);

d) ter alta sensibilidade e poder de discriminação (a corrente de defeito pode ser inferior à nominal, e a tensão quase anular-se);

e) realizar contatos firmes (evitando centelhamento e ricochetes que conduzem a desgaste prematuro);

f) manter sua regulagem, independentemente da temperatura exterior, variações de freqüência, vibrações, campos externos, etc.;

g) ter baixo custo. A título de comparação são dados valores tirados de uma proposta de fabricante, em valores relativos:

relé de sobrecorrente, instantâneo, monofásico	1,0 pu
relé de sobrecorrente, temporizado, trifásico	3,5 pu
relé de sobrecorrente, temporizado, direcional	6,5 pu
relé para fio piloto	12,0 pu
relé de distância, de alta velocidade	56,0 pu

Nas condições acima, obviamente, há aspectos contraditórios que devem ser considerados em cada caso.

2.4 Critérios de existência de falta e seus efeitos

Por definição, *defeito* ou *falta* é o termo usado para denotar um acidental afastamento das condições normais de operação. Assim, um curto-circuito ou um condutor interrompido constituem uma falta.

Um defeito modifica mais ou menos profundamente as tensões e as correntes próprias ao órgão considerado. Logo, as grandezas atuantes sobre os relés deverão ser ligadas, obrigatoriamente, àquelas alterações de módulo e/ou argumento das correntes e tensões.

16   *Introdução à proteção dos sistemas elétricos*

De fato, um curto-circuito traduz-se por:

a) altas correntes e quedas de tensão. No entanto, ambas não são exclusivas do defeito;

b) variação da impedância aparente — correspondente à relação tensão/corrente no local do relé — e que é brusca e maior na ocasião do defeito do que nas simples variações de carga. Logo, é um bom critério discriminativo;

c) aparecimento das componentes inversa (seqüência negativa) e homopolar (seqüência zero) de tensão e/ou de corrente, no caso de defeito desequilibrado, e de valor máximo no lugar do defeito. Recorde-se aqui que o defeito desequilibrado comporta-se como gerador de seqüências negativa e/ou zero. Contudo, a presença de simples desequilíbrio, não obriga tratar-se de defeito, ou pelo menos de curto-circuito;

d) acentuadas diferenças de fase e/ou amplitude entre a corrente de entrada (I_e) e de saída (I_s) de um elemento da rede. Em geral, as correntes derivadas (magnetizante dos transformadores; capacitiva das linhas) são pequenas comparativamente com as correntes de trabalho normais; assim, se a corrente derivada $I_D = (I_e - I_s)$ é grande, há defeito. Pode-se raciocinar, analogamente, com a diferença de ângulo de fase entre I_e e I_s: cerca de 180° indica defeito interno (inversão de sentido de I_s) no elemento controlado.

É baseado nessas indicações que serão indicados os relés aplicáveis a cada caso, na prática.

2.ª PARTE
Instrumental da proteção por meio de relés

CAPÍTULO 3

RELÉS DE CORRENTE, TENSÃO E POTÊNCIA

Uma vez analisados os órgãos constituintes dos relés, examinaremos agora as principais combinações desses elementos, constituindo-se em relés complexos. De fato, todos os tipos de relés são derivados, seja diretamente desses elementos básicos, pela combinação de dois ou mais elementos na mesma caixa ou circuito com certas interconexões elétricas, seja pela adição dos conjugados de dois ou mais de tais elementos para controlar um único par de contatos. Assim, a partir da chamada equação universal dos relés, que deduziremos, combinando-se convenientemente as parcelas, faremos surgir todos os tipos de relés conhecidos, não importa se dos tipos eletromecânicos, que serão analisados inicialmente, ou estáticos.

3.1 Definições gerais

a) Relé de corrente — n.º 51 ASA — é aquele cuja grandeza característica de atuação ou de acionamento é uma corrente fornecida ao relé, seja diretamente ou através de um transformador de corrente da rede.

b) Relé de tensão — n.º 59 ASA — é aquele cuja grandeza característica de acionamento é uma tensão obtida, seja diretamente ou através de um transformador de potencial da rede.

c) Os prefixos sobre e subcorrente ou tensão, significam que o relé atua para valores acima ou abaixo, respectivamente, daquele pré-determinado.

d) Contatos a (normalmente aberto) ou b (normalmente fechado) referem-se ao posicionamento dos mesmos, se o circuito está desenergizado; é como aparecem nos esquemas.

e) Código ASA — nos esquemas de origem americana, é usual a indicação dos diversos elementos de um esquema, segundo um código numérico que consta do Anexo I (American Standard Association). Os europeus usam símbolos gráficos, preferencialmente.

f) Por regime de um relé entendem-se as condições sob as quais ele desempenha satisfatoriamente sua função. É normalmente referido à temperatura de 40 °C e tempo de circulação de corrente de 1 s (Norma ASA). Para tempos maiores, os relés seguem a lei $I^2 t =$ constante. Assim, um relé (tipo BDD, dife-

20 *Introdução à proteção dos sistemas elétricos*

rencial com restrição harmônica da General Electric) indicando no seu catálogo $I^2 t = 48\,400 = 220^2$ significa que admite 220 A, durante um segundo, ou seja, $220\sqrt{1/t}$ A durante t segundos.

g) O regime dos contatos refere-se a possibilidade do relé abrir ou fechar circuitos indutivos ou não, sob tensão de corrente contínua ou alternada. Assim, um relé (IAC-53, tipo sobrecorrente da General Electric), conforme indica o catálogo, suporta 30 A × 250 V, continuamente. Se a corrente que deve passar por ele for maior que 30 A, ou a tensão aplicada superior a 250 V, exige-se um relé auxiliar com contatos mais robustos, por exemplo.

h) O consumo próprio ou carregamento do relé refere-se à potência associada com a bobina de acionamento do relé, ou com a impedância dessa bobina (ohms) multiplicada pelo quadrado da corrente nela, e serve para especificar a potência requerida dos redutores de medida (TC e TP). É dada nos catálogos em volt-ampères e/ou em ohms, e sempre referida ao tape de derivação mínimo. Por exemplo, um relé (IAC-51, tipo sobrecorrente, da General Electric) com tapes de 4 a 16 A, para TC com secundário de 5 A nominal, representa 0,1 Ω quando ligado no tape de derivação de 4 A. Se for ligado a outro tape, basta lembrar que $ZI^2 = $ constante. Assim, para o tape de 8 A, por exemplo, a impedância que aparece ao transformador de corrente (TC) será

$$Z_{tape\ 4} \cdot I^2_{tape\ 4} = Z_{tape\ 8} \cdot I^2_{tape\ 8},$$
$$0,1 \times 4^2 = Z_{tape\ 8} \cdot 8^2,$$

ou

$$Z_{tape\ 8} = 0,1(4/8)^2 = 0,025\ \Omega;$$

i) O regime térmico indica o valor da corrente admissível em certo tempo, sob aspecto de aquecimento. Por exemplo um relé (PCD, tipo direcional, da General Electric) indica, em seu catálogo, poder suportar até $20I_n$ durante 3 s. Isso é importante, por exemplo, para os relés que atuam temporizados, visando impedir danificação por razões térmicas.

3.2   O relé de indução

É baseado sobre a ação exercida por campos magnéticos alternativos (circuito indutor fixo), sobre as correntes induzidas por esses campos em um condutor móvel constituído por um disco ou copo metálico (veja a Fig. 3.1). Como esse tipo de estrutura é muito usual, e como precisamos introduzir o conceito de relé direcional, vamos apresentar uma rápida dedução da equação do conjugado de um tal relé.

Para isso, vamos analisar a Fig. 3.2 na qual aparecem dois fluxos senoidais ϕ_1 e ϕ_2, cortando o disco, e defaseados de θ, graças ao anel de defasagem mostrado na Fig. 3.1:

$$\Phi_1 = \phi_1\ \text{sen}\ \omega t,$$
$$\Phi_2 = \phi_2\ \text{sen}\ (\omega t + \theta).$$

Relés de corrente, tensão e potência

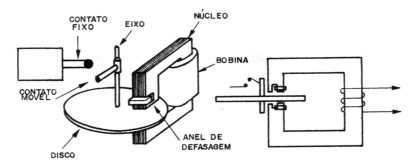

FIGURA 3.1 Relé de indução tipo disco

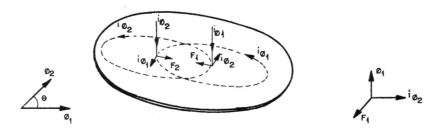

FIGURA 3.2 Conjugado desenvolvido no disco do relé

Ora, o fluxo variável induz uma tensão da forma

$$e = -Kn\frac{d\phi}{dt},$$

que aplicada ao disco metálico de resistência R, faz circular nele uma corrente da forma

$$i = \frac{e}{R} = -\frac{Kn}{R}\frac{d\phi}{dt}.$$

Tomando-se apenas as trajetórias assinaladas nota-se, pela Regra da mão esquerda, que há o aparecimento de forças F que, como sabemos, são da forma:

$$F \simeq \phi i$$

e cuja resultante será proporcional ($\approx$) a

$$F = (F_2 - F_1) \approx (\phi_2 \cdot i\phi_1 - \phi_1 \cdot i\phi_2) \approx$$
$$\approx \left(\phi_2 \frac{d\phi_1}{dt} - \phi_1 \frac{d\phi_2}{dt}\right).$$

Substituindo os valores de ϕ_1, ϕ_2 e suas derivadas, vem

$$F = [\phi_2 \operatorname{sen}(\omega t + \theta) \cdot \phi_1 \cos \omega t] - [\phi_1 \operatorname{sen} \omega t \cdot \phi_2 \cos(\omega t + \theta)] =$$
$$= \phi_1 \phi_2 [\operatorname{sen}(\omega t + \theta) \cdot \cos \omega t - \operatorname{sen} \omega t \cdot \cos(\omega t + \theta)] =$$

$$= \phi_1\phi_2 \operatorname{sen}\left[(\omega t + \theta) - \omega t\right] =$$
$$= \phi_1\phi_2 \operatorname{sen} \theta,$$

atuando na direção F_2 para F_1, fazendo girar o disco e, portanto, fechar os contatos do relé.

Se supomos, como é usual na prática, que a estrutura magnética é simétrica, o fluxo de dispersão é praticamente nulo, e nesse caso ϕ é proporcional a I, donde pode-se escrever

$$F = KI_1 I_2 \operatorname{sen} \theta, \tag{3.1}$$

onde K é uma constante de proporcionalidade; veja a Fig. 3.3.

Constata-se que o valor F_{max} ocorre para sen $\theta = 1$ ou $\theta = 90°$, o que exigiria perfeita quadratura entre os fluxos, algo difícil de obter-se na prática, já que toda bobina tem certo valor de resistência ôhmica associado ao valor indutivo. Ou seja, pretendemos que o relé possa operar sob condição de conjugado máximo, resultante da força F, para qualquer valor de θ, e não unicamente para $\theta = 90°$.

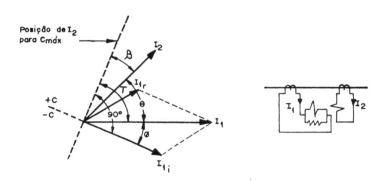

FIGURA 3.3 Noção de conjugado máximo do relé de indução

Para isso, na Fig. 3.3, vamos admitir que façamos a decomposição da corrente I_1 em suas componentes indutiva (I_{1i}) e resistiva (I_{1r}) que circulassem, hipoteticamente, nas indutância e resistência puras. Aparece o ângulo $(I_{1i}, I_1) = \phi$, ângulo de projeto do relé, e a expressão do conjugado (C), respeitada a convenção de sentido de contagem dos ângulos, será, agora,

$$C = K \cdot I_{1i} \cdot I_2 \cdot \operatorname{sen}(\theta - \phi).$$

Verifica-se também que C_{max} dá-se, quando

$$\operatorname{sen}(\theta - \phi) = 1 \quad \text{ou} \quad \theta - \phi = \pm 90°$$

ou
$$\theta = \phi \pm 90°$$

do que resulta aparecer a reta-suporte característica do relé direcional coincidindo com I_{1i}, e também o ângulo T definidor do conjugado máximo, como indicado no catálogo do fabricante, e que será discutido em detalhe adiante.

Relés de corrente, tensão e potência   **23**

De fato, constata-se que

$$\operatorname{sen}(\theta - \phi) = \operatorname{sen}[\theta - (T - 90°)] = \operatorname{sen}[(\theta - T) + 90] = \cos(\theta - T),$$

ou seja, finalmente,

$$C = K \cdot I_{1i} \cdot I_2 \cdot \cos(\theta - T), \tag{3.2}$$

indicando

$$C_{max} \text{ para } \cos(\theta - T) = 1 \quad \text{ou} \quad \theta = T,$$
$$C_{nulo} \text{ para } \cos(\theta - T) = 0 \quad \text{ou} \quad \theta = T \pm 90,$$

o que vem demonstrar, no diagrama vetorial, que há uma região de conjugado, em torno da posição de C_{max}, 90° à esquerda e direita, respectivamente. Surge, pois, do acima exposto, o conceito de direcionalidade dos relés, pois só há conjugado para variações de I_2 (grandeza de operação em relação a grandeza de referência I_{1i}) desde 0° até 180°. Ou seja, se no defeito de curto-circuito, por exemplo, o sentido de I_2 se inverte, é possível detetar, efetivamente, as condições de defeito por meio desta variação do ângulo de fase, como será discutido adiante.

Na prática, pois, ao invés de trabalhar-se com o valor ϕ, que é o ângulo de projeto do relé, trabalha-se com T, denominado "ângulo de conjugado máximo" do relé. É evidente, desde já, que este ângulo pode ser alterado pela simples modificação do ângulo ϕ, adicionando-se resistores e/ou capacitores no circuito das bobinas do relé. Assim, pode-se afirmar ser possível obter para o relé qualquer ângulo de conjugado máximo desejado, atendendo-se condições peculiares de utilização. Por exemplo, o relé (R3Z27), tipo distância, da Siemens, pode ser ajustado para ângulos $T = 60, 67, 73$ e $80°$ por meio de reator, para perfeito casamento com ângulos de impedância de diversas linhas.

3.3 Equação universal dos relés

Foi visto anteriormente que, para um relé de sobrecorrente, do tipo charneira,

$$F \quad \text{ou} \quad C = K_1 I^2, \tag{3.3}$$

e para o relé tipo indução

$$F \quad \text{ou} \quad C = K I_{1i} \cdot I_2 \cdot \cos(\theta - T).$$

Se considerarmos que uma tensão (U) aplicada a um resistor de valor ôhmico $1/K$, gera uma corrente

$$i = \frac{U}{1/K} = KU,$$

que é proporcional a tensão, pode-se concluir, de imediato, que o conjugado de um relé de tensão é da forma

$$C = K_2 U^2. \tag{3.4}$$

Igualmente, substituindo-se na unidade direcional a grandeza de referência I_{1i} por U, como é usual na prática, resulta para essa unidade um conjugado da forma geral

$$C = K_3 UI \cos(\theta - T). \qquad (3.5)$$

Finalmente, se lembrarmos que a constante de mola deve ser representada, por exemplo, por K_4, resulta que, reunindo-se essas expressões em uma única, o conjugado de um relé complexo será

$$C = K_1 I^2 + K_2 U^2 + K_3 UI \cos(\theta - T) + K_4, \qquad (3.6)$$

denominada *equação universal do conjugado dos relés*, de enorme utilidade na nossa análise futura.

3.4 Ajuste dos relés de corrente

A maioria dos relés tem uma faixa de ajuste que os torna adaptáveis a uma larga faixa de circunstâncias possíveis.

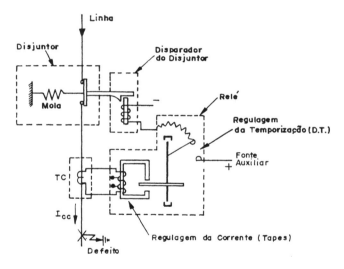

FIGURA 3.4 Esquemático de conjunto relé-disjuntor

Há normalmente dois ajustes (Fig. 3.4):

a) ajuste de corrente — feito seja pelo posicionamento do entreferro, ou pelo tensionamento da mola de restrição, por pesos, por tapes de derivação da bobina, etc.; é o que se chama *ajuste de tape*;

b) ajuste de tempo — é feito regulando-se o percurso do contato móvel (chamado *ajuste do dispositivo de tempo — DT*), ou por meio de dispositivos de temporização diversos.

Embora esses ajustes sejam feitos independentemente, a interdependência é mostrada nas chamadas *curvas tempo-corrente*, fornecidas no catálogo do fabricante (Fig. 3.5). No eixo vertical são mostrados os tempos, em geral em segundos; no eixo horizontal aparecem as correntes de acionamento, em múltiplos de 1 a 20 vezes o tape escolhido, em geral. Assim, o tape escolhido passa a ser o valor de atuação do relé, ou seja, o valor para o qual o relé começa a atuar e realmente operaria seus contatos em um tempo infinito; por motivos de segurança (problemas de atrito, por exemplo), costuma-se fazer com que a grandeza do defeito represente pelo menos uma vez e meia o valor de atuação (fator de sensibilidade). Como indicação, e em igualdade de condições de escolha, em um relé de característica de tempo inverso, o valor de atuação ou picape deve ser escolhido na parte mais inversa das curvas, ou seja, múltiplo baixo e dispositivo de temporização alto.

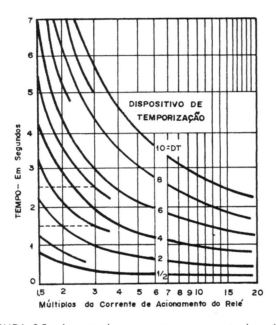

FIGURA 3.5 Aspecto das curvas, tempo-corrente dos relés

Um típico relé de sobrecorrente é mostrado na Fig. 3.6 (tipo RSA, da CdC). Nele vêem-se duas armaduras; uma delas recebe a bobina com os tapes de tempo inverso e a outra corresponde à atuação instantânea do relé. Nesse modelo o disco gira continuamente, para a corrente nominal; se há corrente de falta, uma peça metálica (armadura de embreagem) é atraída pela armadura da bobina e, com isso, engrena o quadro de embreagem, contendo um parafuso sem-fim, com o setor dentado portador de uma haste que, ao subir, bate na palheta de disparo, com o que se fecham os contatos do relé. Se a corrente de defeito é muito violenta, um ressalto de regulagem do elemento instantâneo atua diretamente sobre uma peça em balanço, fechando os contatos do relé, sem temporização.

Verifica-se que, a partir da equação universal dos relés, pode-se mostrar que o conjugado (C) de um relé de corrente é

$$C = K_1 I^2 - K_2,$$

onde K_2 pode significar uma mola de restrição, um ímã permanente uniformizador da velocidade do disco, etc., dependendo da concepção física do relé.

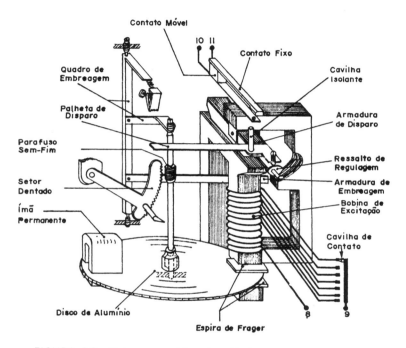

FIGURA 3.6   Vista esquemática do relé de corrente RSA da CdC

3.5   Relés de tensão

São aqueles que reagem em função da tensão do circuito elétrico que eles guardam; sua equação de conjugado é da forma

$$C = K_1 U^2 - K_2,$$

tendo, portanto, um funcionamento muito semelhante aos relés de corrente, exceto pelo fato de que são, mais usualmente, não-temporizados.

O emprego típico é, por exemplo, como:

a) relé de máxima — efetuando abertura de um disjuntor quando a tensão no circuito (V) for maior que um valor de regulagem (V_r);

b) relé de mínima — no caso contrário, por exemplo, quando $V < 0{,}65 V_r$;

c) relé de partida ou de aceleração — usado para curto-circuitar degraus de resistência em dispositivos de partida, para aceleração de motores.

Relés de corrente, tensão e potência

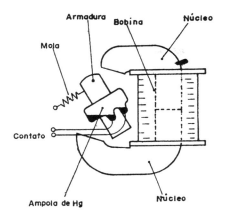

FIGURA 3.7   Esquemático de relé de tensão tipo RO da CdC

Um exemplo de estrutura física é mostrada na Fig. 3.7 (tipo RO, da CdC). O relé compreende um circuito magnético fixo, em duas peças, a bobina, a armadura móvel pivotando em torno do eixo de modo a bascular a ampola de mercúrio, com isso estabelecendo o contato entre os terminais; a mola de restrição recoloca a armadura na posição de repouso após a passagem da perturbação (por exemplo, uma sobretensão) e serve ainda como regulagem do relé.

3.6   Relé de balanço de correntes

É um tipo muito usual, tanto para fins de sobrecorrente, como de unidade direcional.

Conforme está esquematizado na Fig. 3.8, o conjugado desse relé, supostas as correntes I_1 e I_2 em fase, é

$$C = K_1 I_1^2 - K_2 I_2^2 - K_3.$$

Se desprezarmos o efeito da mola ($K_3 = 0$), no limiar de operação ($C = 0$), virá

$$K_1 I_1^2 = K_2 I_2^2,$$

resultando a equação da *característica de operação*

$$I_1 = \sqrt{\frac{K_2}{K_1}} \cdot I_2$$

Se o efeito da mola não for desprezado, no limiar de operação ($C = 0$), teríamos

$$I_2 = \sqrt{\frac{K_1}{K_2} - \frac{K_3}{K_2 I_1^2}} \cdot I_1,$$

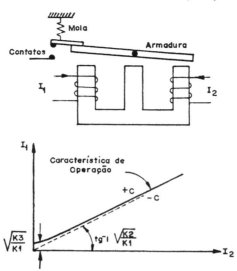

FIGURA 3.8 Esquemático de relé tipo balanço de correntes

onde, supondo-se $I_2 = 0$, vem

$$I_1 = \sqrt{\frac{K_3}{K_1}},$$

o que faz a característica de operação fugir, na origem, da linha reta antes definida (ou seja, mesmo com corrente de restrição $I_2 = 0$, exige-se certo valor da corrente de operação I_1, para vencer a ação da mola de restrição K_3).

Esse tipo de relé é usado ainda, por exemplo, para proteção de enrolamento de fase dividida de geradores, ou para proteção de linhas paralelas saindo de um barramento.

Na forma de unidade direcional, como já sabemos, a equação de conjugado aparece na forma de produto das grandezas de operação e restrição. Para aumentar a sensibilidade, ao invés de trabalhar com as grandezas simples I_1 e I_2, usam-se as funções soma $(I_1 + I_2)$ e diferença $(I_1 - I_2)$ das mesmas. Resulta, para a equação do conjugado da unidade direcional (se I_1 e I_2 estão em fase):

$$C = K_1(I_1 + I_2)(I_1 - I_2) - K_2.$$

Nela, verifica-se que, se $(I_1 \neq I_2)$, haverá conjugado em um ou outro sentido, dependendo do valor relativo de I_1, em relação a I_2.

3.7 Relé estático, tipo ponte

Ao invés da estrutura eletromecânica, tipo viga de balanço, pode-se usar duas estruturas retificadoras, tipo ponte, atuando sobre um sensível relé de bobina móvel.

Relés de corrente, tensão e potência

Se chamarmos a corrente de *operação de* I_0 e a corrente de *restrição de* I_r (proporcional a uma tensão aplicada sobre um resistor Z), e K_3 sendo uma constante semelhante à ação de uma mola, virá

$$C = K_1 I_0^2 - K_2 I_r^2 - K_3,$$

e a Fig. 3.9 retrata essa solução muito comum nos relés modernos, tipo estado sólido (semi-estático, no caso).

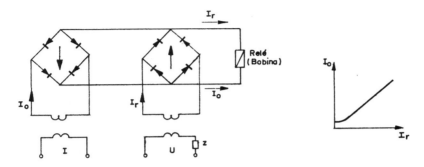

FIGURA 3.9   Esquemático de relé semi-estático, tipo ponte

3.8   Relés direcionais e/ou de potência

Foi visto anteriormente que um relé direcional é capaz de distinguir entre o fluxo de corrente em uma direção ou outra; em circuito de corrente alternada isso é feito pelo reconhecimento do ângulo de fase entre a corrente e a grandeza de polarização (ou de referência).

Há basicamente dois tipos de relés direcionais: aqueles que respondem ao fluxo de potência normal e os que respondem a condições de falta (curto-circuito).

3.8.1   RELÉS DIRECIONAIS DE POTÊNCIA

São conectados para serem polarizados por uma tensão de um circuito, e as conexões de corrente e as características do relé são escolhidas tal que o conjugado máximo do relé ocorra quando uma carga com fator de potência unitário percorre o circuito. Assim, se um circuito monofásico é envolvido, usa-se um relé direcional que terá conjugado máximo quando a corrente está em fase com a tensão; o mesmo relé pode ser usado em um circuito trifásico, caso a carga seja suficientemente bem equilibrada. Neste caso, a Fig. 3.10(a) mostra as conexões apropriadas. Outra forma de conexão usual, conforme a Fig. 3.10(b) mostra o conjugado máximo obtido quando a corrente no relé está adiantada de 30° em relação à tensão.

No caso da carga do circuito trifásico ser suficientemente desequilibrada, tal que um relé monofásico não seja suficiente, ou ainda, quando uma corrente de atuação muito baixa seja requerida, usa-se um relé polifásico. Este consta

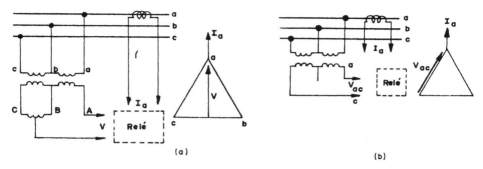

FIGURA 3.10 Alimentação de relé direcional de potência

realmente de três unidades monofásicas cujos conjugados são adicionados para controlar um único jogo de contatos. As grandezas de atuação de um tal relé podem ser quaisquer de várias combinações, mas freqüentemente são usadas as seguintes:

Elemento	Tensão	Corrente
1	V_{ac}	I_a
2	V_{cb}	I_c
3	V_{ba}	I_b

Isso deve-se ao fato de que os relés de potência são usados geralmente para responder a certa direção do fluxo de corrente sob condições aproximadamente equilibradas, bem como sob magnitudes normais de tensão.

Os relés de potência são disponíveis com ajuste da mínima corrente de atuação; assim, eles podem ser calibrados seja em função da mínima corrente de atuação, em ampères, sob tensão nominal, ou em termos da mínima potência de atuação, em watts. Assim sendo, tais relés podem ser ajustados para responder a qualquer desejada quantidade de energia suprida em uma dada direção. De fato, esses relés são wattímetros com seu mecanismo substituído por contatos e tendo uma mola de controle.

Os relés direcionais de potência têm usualmente características temporizadas para impedir operação indesejável durante as momentâneas reversões de energia, como quando dos surtos de potência sincronizante dos geradores ou das reversões de energia quando ocorrem curto-circuitos. Esta temporização pode ser resultante de uma inerente característica de tempo inverso, ou pode ser provida por um temporizador independente.

3.8.2 RELÉS DIRECIONAIS PARA PROTEÇÃO CONTRA CURTO-CIRCUITO

Como os curto-circuitos envolvem correntes bastante atrasadas em relação à posição de fator de potência unitário, é desejável que os relés direcionais para proteção contra curto-circuito sejam arranjados para desenvolver conjugado máximo sob tais condições de corrente atrasada. A técnica para se obter qualquer

Relés de corrente, tensão e potência

desejado ajuste de conjugado, foi mostrada anteriormente. Na Fig. 3.11, um relé tipo RWV, da CdC, está ligado a uma rede, e mostra uma caixa de acessórios que permite ajustes convenientes na obtenção de diferentes ângulos de conjugado máximo (T).

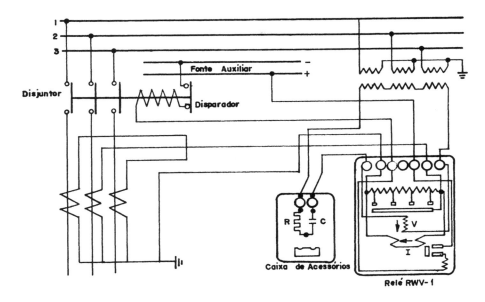

FIGURA 3.11   Esquemático de relé direcional tipo RWV-1 da CdC

Em caso de curto-circuito a instalação passa de uma condição de fator de potência 0,90 a 0,30 (ângulos passando de 25° a 75°, por exemplo). Assim, pode haver um grande número de conexões possíveis, mas na prática, apenas algumas são usuais. Mais exatamente, elas são conhecidas como conexões 90° (quadratura), 30° (adjacente) e 60°, conforme é mostrado na Fig. 3.12, referido ao relé para defeito fase a – fase b. Esses nomes descrevem a relação entre a corrente na bobina de corrente e a tensão de referência, sob condição de fator de potência unitário da carga.

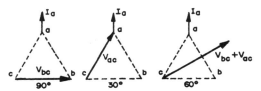

FIGURA 3.12   Alimentação de relé direcional de curto-circuito

Relés direcionais para proteção contra curto-circuito são usados geralmente para suplementar outros relés (sobrecorrente, distância) que decidem se se trata de curto-circuito, de fato, e se o valor alcançado pela sobrecorrente deve provocar ou não a abertura do circuito. Assim, esses relés direcionais não são temporizados, nem ajustáveis, mas operam sob baixos valores de corrente; têm boa sensibilidade.

3.8.3 RELÉ DIRECIONAL DE EFEITO HALL

Se certos cristais semicondutores contendo adições eletrônicas condutivas (germânio, ligas de índio com arsênico e antimônio), são colocados em um campo magnético com densidade de fluxo (B), e uma corrente (i) passa por eles, uma força eletromotriz (e_x), denominada *de Hall*, aparece entre as faces laterais dos cristais, tal que [Fig. 3.13(a)]

$$e_x = K \cdot i \cdot B,$$

onde K é um fator constante dependente do material e espessura do cristal.

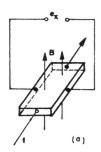 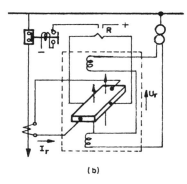

FIGURA 3.13 Esquemático de relé, tipo efeito Hall

Verifica-se que se $i \simeq I_{cc}$ e se $B \simeq V$, resulta que e_x será proporcional à corrente de defeito do circuito, à tensão e ao ângulo de fase entre aquelas duas grandezas. Ou seja, trata-se de um elemento direcional que no futuro poderá ser muito útil, por eliminar partes móveis de relés que teriam a configuração apresentada na Fig. 3.13(b).

3.8.4 RELÉS DIRECIONAIS

As conexões usuais das unidades direcionais estão mostradas na Fig. 3.14.

3.8.5 APLICAÇÕES

EXEMPLO. Em uma subestação recebedora de uma grande indústria, relés direcionais JBC foram ligados conforme o esquema da Fig. 3.15, estando o fluxo de corrente indicado "Normal" e "Defeito". Pede-se:

a) traçar o diagrama vetorial das ligações, mostrando a zona de operação do relé, sabendo-se que para o relé JBC-GE dado, o ângulo de conjugado máximo é $T = 45°$, corrente adiantada da tensão (no relé);

Relés de corrente, tensão e potência

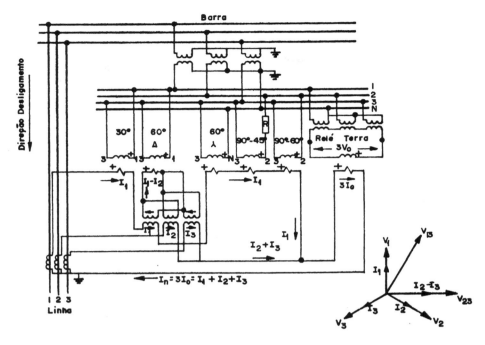

FIGURA 3.14 Diversas conexões de unidades direcionais

b) para um curto-circuito externo e que dê uma corrente atrasada da tensão de 45°, pergunta-se se o relé operará. Se houver dúvida, qual a sugestão para garantir a operação?

c) como se comportará o relé, no caso do item a), para uma carga com fator de potência 0,80 indutivo?

d) como se comportaria esse relé, se a ligação fosse em quadratura (conexão 90°) — como, aliás, aconselha o fabricante — nos casos b) e c)? Mostrar o diagrama vetorial equivalente.

SOLUÇÃO. Um teste de polaridade, efetuado no elemento direcional do relé, revelou o seguinte (Fig. 3.16), de acordo com convenção de marca de polaridade.

a) Observando o esquema de ligação, constata-se que a bobina de tensão 67-1, está energizada entre as fases 1 e 2, marcada a polaridade +7 para 8; ao mesmo tempo, a bobina de corrente 51-1 tem sua polaridade marcada +5 para 6, na ocorrência de defeito. Assim, pois, marcamos corretamente as polaridades que resultaram do teste feito. Traça-se, a seguir, o diagrama vetorial denominado "conexão original", conforme a Fig. 3.18. A partir de $V_1 - V_2 - V_3$, marcados no sentido da rotação de fases indicado, obtém-se $V_{12} = V_{78}$ representando a tensão aplicada à bobina de potencial do relé. Como foi dito que o relé JBC tem $T = 45°$, corrente adiantada da tensão (no relé), basta marcar a posição de C_{max} (correspondente à condição de defeito) adiantada 45° sobre V_{12} e, em

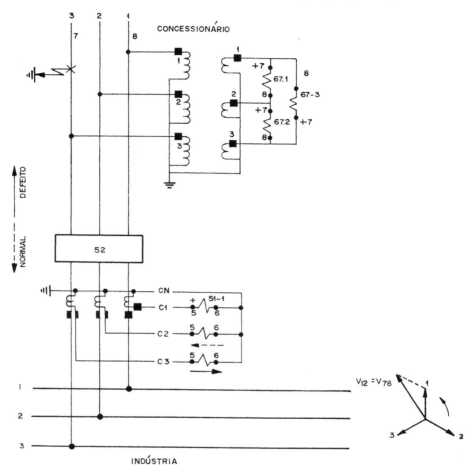

FIGURA 3.15 Aplicação de relé direcional tipo JBC da General Electric

conseqüência, a 90°, passando pela origem, tem-se a reta limite de $+C$ e $-C$ (opera e bloqueia).

b) Se ocorre nessa situação um curto-circuito externo, gerando a corrente atrasada da tensão de 45°, o que resulta?

FIGURA 3.16 Exemplo de polaridade (teste JBC)

Relés de corrente, tensão e potência

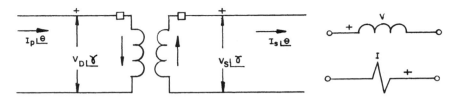

FIGURA 3.17 Convenções de polaridade

Bem, locando-se $I_{defeito} = I_{56}\underline{/-45°}$, vê-se que o vetor cai na região $-C$; logo, o relé não operaria.

Há duas soluções para corrigir isso:

a) inverter a ligação da bobina de corrente;

b) ou melhor, segundo o fabricante, ligar o relé em quadratura (conexão 90°). Esta deve ser adotada: Fig. 3.18.

c) No caso da conexão original, como se comporta o relé face a uma carga com $\cos\phi = 0,8$ (ou $\phi = 36,8°$)? Locando-se I_{65}, verifica-se que com ou sem inversão de I, a conexão fica muito instável para carga com fator de potência próximo à unidade; poderia operar na partida de grandes motores, por exemplo.

d) Finalmente, pois, tracemos o diagrama vetorial da conexão em quadratura (90°), Fig. 3.18, e pela qual alimentamos o relé com V_{23} e I_1. Como sabemos, a posição de C_{max} estará 45° adiantada da tensão V_{23}: assim aparece a reta-suporte de C_{max} e, conseqüentemente, as regiões de $+C$ (operação) e $-C$ (bloqueio).

Examinemos as duas hipóteses anteriores. Locando as condições de carga I_{65} (tracejado), e a condição de defeito $I_{56}\underline{/-45}$, constata-se que a operação continua correta, dispensando inversão de I_1. Além disso, a instabilidade para cargas próximas ao fator de potência unitário desapareceu. É, pois, a conexão ideal para o relé.

ANEXO I

Nomenclatura ASA (American Standard Association)

1 — Elemento principal (*master element*)
2 — Relé de partida ou fechamento temporizado (*time-delay starting, or closing-relay*)
3 — Relé de verificação ou interbloqueio (*checking or interlocking relay*)
4 — Contactor principal (*master contactor*)
5 — Dispositivo de interrupção (*stopping device*)
6 — Disjuntor de partida (*starting circuit breaker*)
7 — Disjuntor de anodo (*anode circuit breaker*)
8 — Dispositivo de desconexão da energia de controle (*control power disconnecting device*)
9 — Dispositivo de reversão (*reversing device*)
10 — Chave de seqüência das unidades (*unit sequence switch*)
11 — Reservada para futura aplicação
12 — Dispositivo de sobrevelocidade (*over-speed device*)
13 — Dispositivo de rotação síncrona (*synchronous-speed device*)

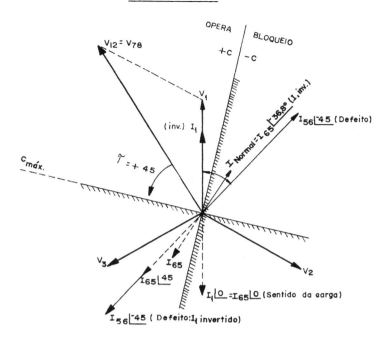

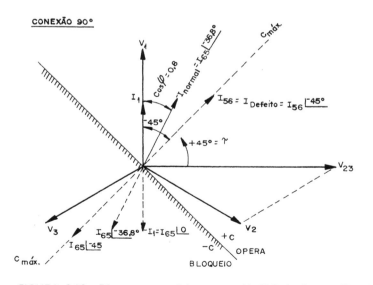

FIGURA 3.18 Diagramas vetoriais para o relé JBC da General Electric

Relés de corrente, tensão e potência **37**

14 — Dispositivo de subvelocidade (*under-speed device*)
15 — Dispositivo de ajuste ou comparação de velocidade ou freqüência (*speed or frequency, matching device*)
16 — Reservado para futura aplicação
17 — Chave de derivação ou de descarga (*shunting, or discharge, switch*)
18 — Dispositivo de aceleração ou desaceleração (*accelerating or decelerating device*)
19 — Contactor de transição partida-marcha (*starting-to-running transition contactor*)
20 — Válvula operada eletricamente (*electrically operated valve*)
21 — Relé de distância (*distance relay*)
22 — Disjuntor equalizador (*equalizer circuit breaker*)
23 — Dispositivo de controle de temperatura (*temperature control device*)
24 — Reservado pára futura aplicação
25 — Dispositivo de sincronização ou de conferência de sincronismo (*synchronizing, or synchronism-check, device*)
26 — Dispositivo térmico do equipamento (*apparatus thermal device*)
27 — Relé de subtensão (*under voltage relay*)
28 — Reservado para futura aplicação
29 — Contactor de isolamento (*isolator contactor*)
30 — Relé anunciador (*annunciator relay*)
31 — Dispositivo de excitação em separado (*separate excitation device*)
32 — Relé direcional de potência (*directional power device*)
33 — Chave de posicionamento (*position switch*)
34 — Chave de seqüência, operada por motor (*motor-operated sequence switch*)
35 — Dispositivo para operação das escovas ou para curto-circuitar os anéis do coletor (*brush-operating, or slip-ring short-circuiting device*)
36 — Dispositivo de polaridade (*polarity device*)
37 — Relé de subcorrente ou subpotência (*undercurrent or under power relay*)
38 — Dispositivo de proteção de mancal (*bearing-protective device*)
39 — Reservado para futura aplicação
40 — Relé de campo (*field relay*)
41 — Disjuntor ou chave de campo (*field circuit breaker*)
42 — Disjuntor ou chave de operação normal (*running circuit breaker*)
43 — Dispositivo ou seletor de transferência manual (*manual transfer or selector device*)
44 — Relé de seqüência de partida das unidades (*unit sequence starting relay*)
45 — Reservado para futura aplicação
46 — Relé de reversão ou balanceamento corrente de fase (*reversephase, or phase-balance, current relay*)
47 — Relé de seqüência de fase de tensão (*phase-sequence voltage relay*)
48 — Relé de seqüência incompleta (*incomplete sequence relay*)
49 — Relé térmico para máquina ou transformador (*machine, or transformer, thermal relay*)
50 — Relé de sobrecorrente instantâneo (*instantaneous over current, or rate-of-rise relay*)
51 — Relé de sobrecorrente-tempo CA (a-c *time over current relay*)
52 — Disjuntor de corrente alternada (a-c *circuit breaker*)
53 — Relé para excitatriz ou gerador CC (*exciter or* d-c *generator relay*)
54 — Disjuntor de corrente contínua, alta velocidade (*high-speed* d-c *circuit breaker*)
55 — Relé de fator de potência (*power factor relay*)
56 — Relé de aplicação de campo (*field application relay*)
57 — Dispositivo para aterramento ou curto-circuito (*short-circuiting or grounding device*)
58 — Relé de falha de retificação (*power rectifier misfire relay*)
59 — Relé de sobretenção (*overvoltage relay*)

38 — Introdução à proteção dos sistemas elétricos

60 — Relé de balanço de tensão (*voltage balance relay*)
61 — Relé de balanço de corrente (*current balance relay*)
62 — Relé de interrupção ou abertura temporizada (*time-delay stopping, or opening, relay*)
63 — Relé de pressão de nível ou de fluxo, de líquido ou gás (*liquid or gaz pressure, level, or flow relay*)
64 — Relé de proteção de terra (*ground protective relay*)
65 — Regulador (*governor*)
66 — Dispositivo de intercalação ou escapamento de operação (*notching, or jogging, device*)
67 — Relé direcional de sobrecorrente CA (a-c *directional overcurrent relay*)
68 — Relé de bloqueio (*blocking relay*)
69 — Dispositivo de controle permissivo (*permissive control device*)
70 — Reostato eletricamente operado (*electrically operated rheostat*)
71 — Reservado para futura aplicação
72 — Disjuntor de corrente contínua (d-c *circuit breaker*)
73 — Contactor de resistência de carga (*load-resistor contactor*)
74 — Relé de alarme (*alarm relay*)
75 — Mecanismo de mudança de posição (*position changing mechanism*)
76 — Relé de sobrecorrente CC (d-c *overcurrent relay*)
77 — Transmissor de impulsos (*pulse transmitter*)
78 — Relé de medição de ângulo de fase, ou de proteção contra falta de sincronismo (*phase angle measuring, or out-of-step protective relay*)
79 — Relé de religamento CA (a-c *reclosing relay*)
80 — Reservado para futura aplicação
81 — Relé de freqüência (*frequency relay*)
82 — Relé de religamento CC (d-c *reclosing relay*)
83 — Relé de seleção de controle ou de transferência automática (*automatic selective control, or transfer, relay*)
84 — Mecanismo de operação (*operating mechanism*)
85 — Relé receptor de onda portadora ou fio-piloto (*carrier, or pilot-wire, receiver relay*)
86 — Relé de bloqueio (*locking-out relay*)
87 — Relé de proteção diferencial (*differential protective relay*)
88 — Motor auxiliar ou motor gerador (*auxiliary motor, or motor generator*)
89 — Chave separadora (*line switch*)
90 — Dispositivo de regulação (*regulating device*)
91 — Relé direcional de tensão (*voltage directional relay*)
92 — Relé direcional de tensão e potência (*voltage and power directional relay*)
93 — Contactor de variação de campo (*field changing contactor*)
94 — Relé de desligamento, ou de disparo livre (*tripping, or trip-free, relay*)
95 a 99 — Usados para aplicações específicas, não cobertos pelos números anteriores.

EXERCÍCIOS

1. Esboçar na Fig. 3.19 uma estrutura física de relé e suas conexões tal que o mesmo possa dar um alarme caso a fonte de tensão seja reduzida significantemente, ou que haja fusão de um fusível. O sistema de alarme deve permitir identificar o circuito defeituoso.

2. Para o exercício anterior (Fig. 3.19), e com base na equação universal dos relés, escrever a equação do mesmo, representá-la no plano R-X, e interpretá-la.

Relés de corrente, tensão e potência

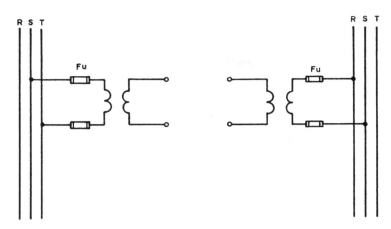

FIGURA 3.19

3. Traçar o diagrama vetorial de um relé direcional cujo ângulo de conjugado máximo é 20°, e está alimentado por uma conexão de 90°. Considerando que a corrente de curto-circuito que esse relé deve medir tem um defasamento de 75° (atrasado) em relação à tensão, pergunta-se: com qual das conexões 30° ou 90° o relé apresentará maior conjugado? Mostrar isso gráfica e analiticamente.

CAPÍTULO 4

RELÉS DIFERENCIAIS, DE FREQÜÊNCIA, DE TEMPO E AUXILIARES

4.1 Relés diferenciais

Por definição, um relé diferencial é aquele que opera quando o vetor da diferença de duas ou mais grandezas elétricas semelhantes excede uma quantidade pré-determinada.

Assim sendo, quase que qualquer tipo de relé, quando conectado de uma certa maneira, pode operar como um relé diferencial. Há, basicamente, os relés diferenciais amperimétricos e a porcentagem [Fig. 4.1(a)-(d)].

4.1.1 RELÉ DIFERENCIAL AMPERIMÉTRICO

Conforme a Fig. 4.1(a), trata-se simplesmente de um relé de sobrecorrente instantâneo, conectado diferencialmente, e cuja zona de proteção é limitada pelos TC.

Ainda que bastante usada esta conexão, devemos lembrar que há erros quase sistemáticos na proteção diferencial e devidos, principalmente:

a) ao casamento imperfeito dos TC;

b) existência de componente contínua da corrente de curto-circuito, não-nula em pelo menos duas fases;

c) ao erro próprio dos TC;

d) além disso, no caso de transformadores, deve-se considerar a corrente de magnetização inicial e a existência de dispositivo trocador automático de tapes.

Nessas condições, é necessário utilizar-se uma conexão menos sensível, ou seja, menos susceptível de falsas operações que o relé diferencial amperimétrico.

4.1.2 RELÉ DIFERENCIAL À PORCENTAGEM

A Fig. 4.1(b) mostra que neste relé, além da bobina de operação, há uma bobina de restrição, em duas metades. A Fig. 4.1(d) mostra um desenho esquemático do princípio.

Observando a Fig. 4.1(d), constata-se que para fechar os contatos do relé, a bobina com N_1 espiras, percorrida pela corrente diferencial $(I_1 - I_2)$, deve

Relés diferenciais, de freqüência, de tempo e auxiliares

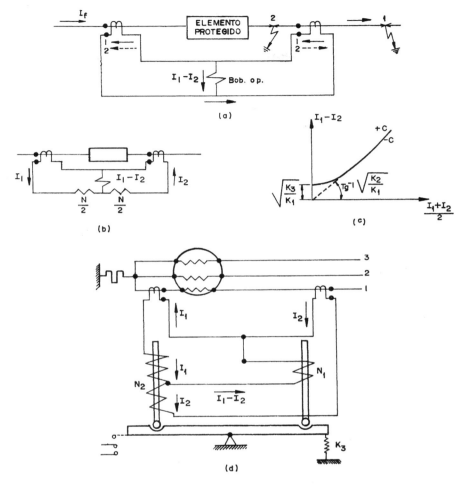

FIGURA 4.1 Releamento diferencial

desenvolver um conjugado de operação $N_1(I_1 - I_2)^2$; este, deverá vencer não só a ação da mola de restrição K_3, como o conjugado de restrição $N_2 \left(\dfrac{I_1 + I_2}{2}\right)^2$.

Escrevendo-se, pois, a equação do relé, na forma da equação universal dos relés, seu conjugado seria

$$C = K_1(I_1 - I_2)^2 - K_2 \left(\frac{I_1 + I_2}{2}\right)^2 - K_3.$$

Fazendo-se inicialmente $K_3 = 0$, no limiar de operação do relé: $C = 0$; então, resulta

$$(I_1 - I_2) = \left(\frac{I_1 + I_2}{2}\right)\sqrt{\frac{K_2}{K_1}},$$

que é a equação de uma reta da forma $y = ax$, representada na Fig. 4.1(c), indicando as zonas de conjugado positivo e negativo.

Se não desprezarmos a força da mola, para $C = 0$, vem

$$(I_1 - I_2)^2 = \frac{K_2}{K_1}\left(\frac{I_1 + I_2}{2}\right)^2 + \frac{K_3}{K_1}.$$

Se fizermos $\left(\dfrac{I_1 + I_2}{2}\right)$ tender para zero, resulta

$$I_1 - I_2 = \sqrt{\frac{K_3}{K_1}},$$

mostrando o efeito da mola apenas para as baixas correntes.

Verifica-se, pois, que o relé diferencial tem dois ajustes:

a) do valor inicial ($\sqrt{K_3/K_1}$) e que compensa o efeito da mola, atritos, etc.;

b) da declividade ($\mathrm{tg}^{-1}\sqrt{K_2/K_1}$), e que é, na prática, da ordem de 5-20% para os geradores e de 10-45% para os transformadores.

Uma observação interessante é que, quando ocorre um defeito externo à zona de proteção, exige-se um grande valor da corrente de operação para sobrepujar a grande retenção dada por $(I_1 + I_2)/2$; no entanto, se a falta é interna $(I_1 + I_2)/2$ decresce em relação ao valor da falta externa (inversão do sinal de I_2) e basta um valor menor de corrente na bobina de operação para acionar o relé.

Futuramente, mostraremos que há relés diferenciais porcentuais com declive constante e com declive variável, quando da aplicação da proteção dos diversos elementos de um sistema.

4.2 Relés de freqüência

Em um sistema, as quedas de freqüência resultantes, por exemplo, de perda parcial da geração não podem ser toleradas por longo tempo. Assim, em geradores acionando turbinas a vapor, se a freqüência cai abaixo de 56 Hz (cerca de 5-6% da nominal), corre-se o risco de quebra das palhetas devido à rotação na faixa de ressonância mecânica.

Por isso, as chamadas operações da rejeição de carga, na tentativa de recuperar as condições do sistema, pela eliminação das cargas não-prioritárias, passaram a ser uma rotina de operação. Tal rejeição, como será discutida posteriormente, é feita em degraus sucessivos, de tal modo que permita a recuperação da freqüência normal do sistema.

Em geral, estão sendo hoje usados relés estáticos (tipo SFF, da General Electric) por serem independentes da tensão para a faixa normal de queda de tensão.

No entanto, para que se compreenda o funcionamento desses relés de freqüência, analisaremos um tipo eletrodinâmico (RF2 da ASEA), de mais fácil

Relés diferenciais, de freqüência, de tempo e auxiliares

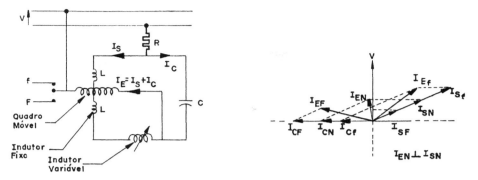

FIGURA 4.2   Relé de freqüência tipo RF2 ASEA

compreensão, conforme a Fig. 4.2. Este é constituído por duas bobinas (indutor fixo e quadro móvel); o indutor é alimentado a partir do circuito de tensão através de um resistor R e forma um circuito oscilante paralelo (logo, na freqüência de ressonância ajustada oferece máxima impedância à circulação de corrente), no qual um dos braços tem um capacitor C e, no outro, além do enrolamento indutivo bipartido, há uma bobina ou indutor ajustável. O quadro móvel é percorrido pela soma I_E das correntes I_C (no capacitor C) e I_S (no indutor L). O indutor variável permite ajustar convenientemente o circuito oscilante, tal que o comparador tem conjugado nulo, quando I_S e I_E são defasadas 90°,

$$C = I_S I_E \cos(I_S, I_E) = I_{SN} I_{EN} \cos 90° = 0.$$

O diagrama vetorial mostra que isso ocorre para uma freqüência de regulagem, que chamaremos nominal N, tal que I_{EN} é perpendicular a I_{SN}.

Para uma freqüência $(F < N)$, a corrente I_{S_f} (ramo indutivo) é preponderante em relação a I_{C_f} (ramo capacitivo); logo, I_{E_f} estará defasada de I_{S_f} de um ângulo menor que 90°, resultando um conjugado que deslocará a bobina num certo sentido. Ao contrário, para freqüência $(F > N)$, a corrente I_{C_f} é preponderante em relação a I_{S_f}, e o ângulo entre I_{E_f} e I_{S_f} é maior que 90°, resultando deslocamento da bobina em sentido contrário ao anterior.

É claro, pois, que um tal detetor convenientemente regulado pode ser usado para indicar variações acima e/ou abaixo de uma freqüência escolhida (60 Hz); dispondo-se de contatos na bobina móvel, pode-se estabelecer circuitos de controle de freqüência. Assim, por exemplo, se a freqüência cai a um certo valor, fecha-se um contato do relé e um impulso é enviado para disparar um certo disjuntor, desligando uma carga não-prioritária, restabelecendo o equilíbrio geração-carga do sistema, como veremos oportunamente.

4.3   Relés de tempo

A função desses relés é diferir a ação de um outro relé, sendo esse valor de retardo regulável e independente das variações das grandezas elétricas da rede, temperatura ambiente, etc.

Entre os inúmeros sistemas de temporização, alguns dos quais estão mostrados esquematicamente na Fig. 4.3 citam-se: o mecanismo de relojoaria, tipo balanceiro; o motor síncrono, com engrenagens; o freio eletromagnético, tipo disco de Foucault; as ampolas de mercúrio com orifício calibrado; a descarga de capacitor; etc.

Tais relés são disponíveis em tipos controlados por corrente alternada (mais usuais em sistemas industriais) ou por corrente contínua.

A temporização é feita em faixa muito ampla; por exemplo, até 20 s em relés de corrente contínua, tipo ímã permanente; 25-90 s para mecanismos de relojoaria; e, para maiores temporizações, preferindo-se o tipo motor com engrenagens.

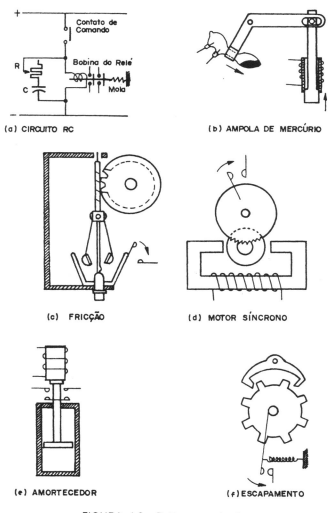

FIGURA 4.3 Relés temporizados

Relés diferenciais, de freqüência, de tempo e auxiliares

A título de exemplificação, consideremos um relé de tempo que utiliza um circuito *RC* (tipo RS-401, da Siemens), conforme Fig. 4.3(a). Nele, quando do fechamento do contato de comando a fonte auxiliar alimenta simultaneamente o relé, que funciona instantaneamente, e o capacitor paralelo que se carrega. Quando da abertura do contato de comando, o capacitor (*C*) descarrega sobre a bobina do relé e assim retarda o retorno à posição de repouso (contato tipo abertura com retardo). No caso, a resistência (*R*) serve para regulagem da temporização (constante de tempo) e para evitar descarga oscilante do capacitor e proteção do circuito de comando e da fonte auxiliar em caso de curto-circuito interno no capacitor.

4.4 Relés auxiliares ou intermediários

São denominados, correntemente:

a) repetidores — no caso de pequenos relés destinados sobretudo para multiplicação do número de contatos do relé principal;

b) contatores — quando se destinam a manobrar um ou diversos contatos de grande poder de corte ou fechamento (além do regime dos contatos do relé principal).

Tais relés são essencialmente instantâneos, robustos, do tipo corrente ou tensão, com contatos normalmente abertos e/ou fechados. A Fig. 4.4 mostra um exemplo (relé tipo RE-148, da CdC).

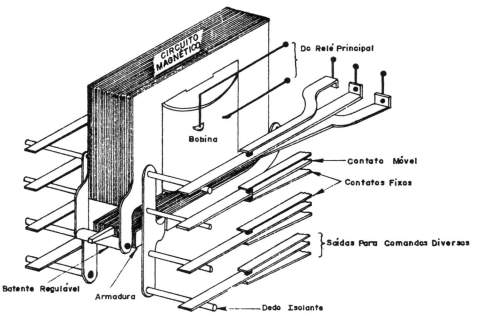

FIGURA 4.4 Relé auxiliar

4.5 Aplicações

EXEMPLO 1. A Fig. 4.5 mostra um relé diferencial percentual aplicado para proteção do enrolamento do estator de um gerador. O relé tem um valor de picape mínimo (corrente de atuação) de 0,1 A e está regulado para uma declividade de 10%.

Uma falta à terra, como a mostrada na Fig. 4.5, ocorreu no enrolamento do gerador, próxima ao extremo correspondente ao neutro aterrado solidamente, quando o gerador alimentava uma certa carga.

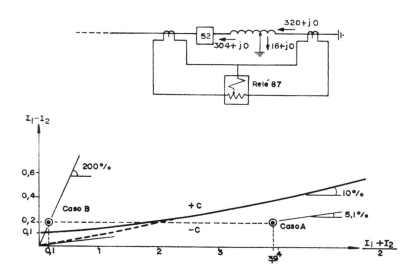

FIGURA 4.5   Exemplo sobre relé diferencial

Em conseqüência, as correntes fluindo em cada extremo do enrolamento do gerador são mostradas na Fig. 4.5, em magnitude (ampères) e direção.

Admitindo-se que os transformadores de corrente têm relação 400/5 A e nenhuma imprecisão, pergunta-se:

a) o relé operará para atuar o disjuntor do gerador, nas condições dadas?
b) poderia o relé operar sob o dado valor de corrente de defeito, se o gerador não estivesse fornecendo corrente à carga (disjuntor aberto)?
c) em um mesmo diagrama, pede-se representar a característica de operação do relé e os pontos que representam as correntes de operação e restrição no relé, nas duas condições acima.

SOLUÇÃO. O relé diferencial percentual está representado na Fig. 4.5, por sua declividade (10%) e seu picape mínimo (0,1A), em eixos $(I_1 - I_2)$ e $(I_1 + I_2)/2$, em escala conveniente.

Relés diferenciais, de freqüência, de tempo e auxiliares **47**

a) Para o caso A, as correntes que passam no circuito secundário dos TC, serão

$$I_1 = \frac{I_{cc}}{R_{TC}} = \frac{304}{400/5} = 3,8 \text{ A}, \qquad I_2 = \frac{320}{400/5} = 4,0 \text{ A}.$$

Resulta

$$\frac{I_1 + I_2}{2} = \frac{4,0 + 3,8}{2} = 3,9 \text{ A},$$

$$I_1 - I_2 = 4,0 - 3,8 = 0,2 \text{ A}.$$

Locando-se esse par de valores, verifica-se que o ponto A está na região de conjugado negativo, indicando que o relé não opera. De fato, analiticamente, viria

$$\frac{I_1 - I_2}{(I_1 + I_2)/2} = \frac{0,2}{3,9} = 0,051 = 5,1\% < 10\% \text{ da declividade;}$$

b) Para o caso B, no entanto, como $I_1 = 0$ e mantendo o valor da corrente de falta:

$$I_2 = \frac{16}{400/5} = 0,2 \text{ A},$$

vêm

$$\frac{I_1 + I_2}{2} = \frac{0 + 0,2}{2} = 0,1,$$

$$I_1 - I_2 = 0 - 0,2 = |0,2| \text{ A}.$$

Locando esse par de valores, verifica-se que o relé opera. Analiticamente, verifica-se, assim,

$$\frac{I_1 - I_2}{(I_1 + I_2)/2} = \frac{0,2}{0,1} = 2 = 200\% > 10\% \text{ da declividade.}$$

EXEMPLO 2. Suponhamos que um relé de sobrecorrente (tipo IAC-77, da General Electric) seja usado em um circuito onde o disjuntor deve desligar para uma corrente sustentada de 450 A, aproximadamente; também o disjuntor deve desligar em 0,3 s para uma corrente de curto-circuito de 3 750 A. Admitamos ainda que um transformador de corrente de relação 60:1 foi usado.

Pede-se determinar a calibração do relé, dispondo-se do catálogo respectivo (GEH-1787 A).

SOLUÇÃO. Esse relé, segundo o catálogo, é do tipo disco, com característica tempo-corrente extremamente inversa, sendo bem indicado para circuitos de distribuição em que se deseja coordenação da proteção com fusíveis.

Será usado o relé IAC-77 A, sem elemento instantâneo, com tapes 4-16 A, carregamento 1,25 VA, com regime de fechamento dos contatos até 30 A para tensões até 250 V.

A Fig. 4.6 mostra o diagrama elementar de ligação e as curvas tempo-corrente respectivas. A unidade de selo tem sua bobina em série e seus contatos em paralelo, tal que quando os contatos principais fecham, ela atua e faz elevar uma bandeirola que permanece exposta até ser novamente libertada pelo operador pela pressão de um botão.

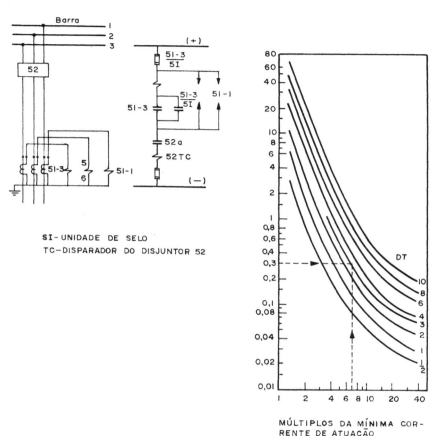

FIGURA 4.6   Relé de sobrecorrente, tipo IAC-77 da G.E.

O ajuste do tape é encontrado dividindo-se a mínima corrente de atuação primária pela relação do transformador de corrente

$$\text{tape} \simeq \frac{I_{min}}{RTC} = \frac{450}{60} = 7,5 \text{ A}.$$

Como o tape disponível mais próximo é 8 A, ele será adotado.

Para achar o apropriado ajuste de tempo, de modo a dar retardo de 0,3 s sob 3 750 A, divide-se este valor pela relação do TC

$$\frac{I_{cc}}{RTC} = \frac{3\,750}{60} = 62,5 \text{ A},$$

o que equivale ao múltiplo: $m = 62,5/8 = 7,8$ vezes o ajuste do tape.

Relés diferenciais, de freqüência, de tempo e auxiliares   **49**

Referindo-se agora às curvas tempo-corrente fornecidas pelo fabricante, verifica-se que para $t = 0,3$ s e $m = 7,8$, o relé deve ser ajustado na posição da alavanca de tempo correspondente a $DT = 3$. Logo, o ajuste do relé será feito para tape 8 e DT 3.

EXERCÍCIOS

1. Um defeito de 2 000 A é detetado por um relé de sobrecorrente (Fig. 3.5), através de um TC de relação 1 000-5 A. Se o relé está ajustado no tape 8 A e dispositivo de tempo $DT = 4$, qual o tempo de atuação do relé sobre o disjuntor respectivo? E se o relé tivesse as curvas tempo-corrente conforme a Fig. 4.6? Comentar os resultados.

CAPÍTULO 5

RELÉS DE DISTÂNCIA

5.1 Introdução

Conforme foi mostrado anteriormente, um tipo de proteção muito positivo e confiável é aquele que compara a corrente entrando no circuito ou equipamento protegido, com a corrente que dele sai. No entanto, em linhas de transmissão o comprimento, tensão ou arranjo dos condutores freqüentemente torna este princípio anti-econômico. Assim, nos chamados relés de distância ao invés de comparar a corrente no início da linha com a corrente no extremo afastado da mesma, o relé compara a corrente I no local de instalação do relé, ou seja no início da linha, com a tensão V também no início da linha na fase correspondente, ou convenientes componentes delas. Da comparação entre V e I resulta $Z = V/I$, donde o nome do relé.

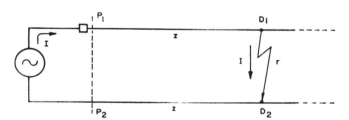

FIGURA 5.1 Princípio de medição dos relés de distância

Uma justificativa simples pode ser apresentada no exemplo abaixo (Fig. 5.1), onde supomos uma rede monofásica em que circula uma corrente I, sendo z a impedância de cada condutor PD, e sendo P o ponto em que está colocado o relé e D o ponto onde ocorre um defeito; por simplicidade vamos supor que tal defeito é franco ou metálico, ou seja, a resistência (r) do arco é nula, do que resultam iguais as tensões em D_1 e D_2. Resulta:

$$V_P = V_{P1} - V_{P2} = (V_{P1} - V_{D1}) + (V_{D1} - V_{D2}) + (V_{D2} - V_{P2}) =$$
$$= z \cdot I + r \cdot I + z \cdot I,$$

ou
$$V_P = 2zI \quad \text{(pois } r = 0\text{)},$$

Relés de distância

ou seja,

$$2z = \frac{V_P}{I}.$$

Então, pode-se dizer que no caso de um curto-circuito franco no ponto D, a impedância aparente no ponto P é igual à impedância do anel $P_1 D_1 D_2 P_2$. Como porém, $z = \rho l/s$, ou seja, a impedância (z) da linha é proporcional ao comprimento (l) da mesma, convencionou-se chamar relé de distância àquele que, de alguma forma, compara as grandezas tensão e corrente no seu ponto de aplicação.

Generalizando para os diversos tipos de defeitos, vem

$$Z = \frac{V}{I}.$$

5.2 Causas perturbadoras na medição

Infelizmente, na prática de aplicação desses relés, alguns erros de medida, quedas de tensão outras que a dos condutores, além da impedância (z) considerada, podem piuvocar imperfeita correspondência do que foi dito acima.

De fato, erros de medida nos relés de distância podem ser devidos a razões como:

a) insuficiência ou mesmo inexistência de transposição dos condutores da linha (5-10% de erro esperado);

b) variação da impedância ao longo das linhas em paralelo, especialmente refletida nas componentes de seqüência zero devidas, por exemplo, à não-homogeneidade do solo, vias férreas paralelas ao percurso da linha, etc.;

c) erros dos redutores de medida de corrente e tensão, em conseqüência da saturação de seus núcleos sob as fortes intensidades das correntes de defeito (erro de 3% ou mais);

d) erros conseqüentes das variações de temperatura ambiente, condições de resfriamento dos condutores (direção e velocidade do vento);

e) a própria construção do relé.

Assim, os modernos relés de distância precisam ter compensações intrínsecas que permitam, levando-se em conta esses erros inevitáveis, proceder ainda a uma medida confiável.

5.3 Equações e curvas características

Nos relés de distância — mais rápidos, mais seletivos e menos afetados pela variação da capacidade geradora de que os relés de sobrecorrente — há o balanço entre o conjugado de operação fornecido pela corrente (I) e o conjugado de restrição resultante da tensão (V). Assim, no ponto em que está aplicado, o relé "vê" a impedância aparente (Z) existente entre ele e o ponto de defeito, pela medição de $Z = V/I$.

52   *Introdução à proteção dos sistemas elétricos*

Há inúmeras possibilidades de obtenção dessa impedância, o que caracteriza os diversos tipos de relés. Vamos iniciar o estudo pelos tipos usuais nos E.U.A. e, posteriormente, apresentaremos outros tipos preferidos em outros países. Para obtenção das características de operação, usaremos a equação universal do conjugado dos relés, bem como introduziremos um novo plano de representação, denominado R-X.

5.3.1 RELÉ DE IMPEDÂNCIA OU OHM

Por definição, é um relé de sobrecorrente com restrição por tensão. Assim, sua equação de conjugado será da forma

$$C = K_1 I^2 - K_2 V^2 - K_3 \qquad (5.1)$$

e poderia ser representada como na Fig. 5.2. Para passar de uma região de conjugado negativo (não-operação) para a região de conjugado positivo do relé (operação), passa-se obrigatoriamente por $C = 0$ (chamado limiar de operação). Fazendo-se, pois, na Eq. (5.1) do conjugado, $C = 0$, vem

$$K_2 V^2 = K_1 I^2 - K_3,$$

ou, dividindo por $K_2 I^2$,

$$\frac{V^2}{I^2} = \frac{K_1}{K_2} - \frac{K_3}{K_2 I^2},$$

$$\frac{V}{I} = Z = \sqrt{\frac{K_1}{K_2} - \frac{K_3}{K_2 I^2}}. \qquad (5.2)$$

Se, inicialmente, desprezamos o efeito da mola, fazendo $K_3 = 0$, vem

$$Z = \sqrt{\frac{K_1}{K_2}} = \text{cte}, \qquad (5.3)$$

que é a equação de um círculo com centro na origem, representado em um plano $Z = R + jX$, conforme a Fig. 5.2(b). Ainda mais, se $K_3 = 0$, a Eq. (5.2) torna-se

$$\frac{V}{I} = Z = \sqrt{\frac{K_1}{K_2}},$$

que é da forma

$$I = \frac{V}{Z} = \frac{1}{Z} \cdot V = V \sqrt{\frac{K_2}{K_1}},$$

ou também $y = ax$, representando uma linha reta no plano $(I - V)$, como na Fig. 5.2(c).

Se agora resolvêssemos considerar o efeito da mola que auxilia a restrição fornecida pela tensão, e lembrando que no instante do defeito a tensão (V) diminui sensivelmente, tendendo para zero, enquanto a corrente cresce razoavelmente, pode-se supor que, no limite, $V/I = Z$ tende para zero, resultando

Relés de distância

a Eq. (5.2) tornar-se

$$0 = \sqrt{\frac{K_1}{K_2} - \frac{K_3}{K_2 I^2}}, \qquad (5.4)$$

ou seja,

$$I = \sqrt{\frac{K_3}{K_1}}.$$

Na Fig. 5.2(c) está, pois, indicada a influência da mola de restrição somente para baixos valores da grandeza de restrição (a tensão, neste caso); a característica no plano I-V não é, pois, uma reta passando pela origem, e sim uma curva mista que separa o plano em duas regiões de conjugado positivo (parte superior) e negativo (parte inferior).

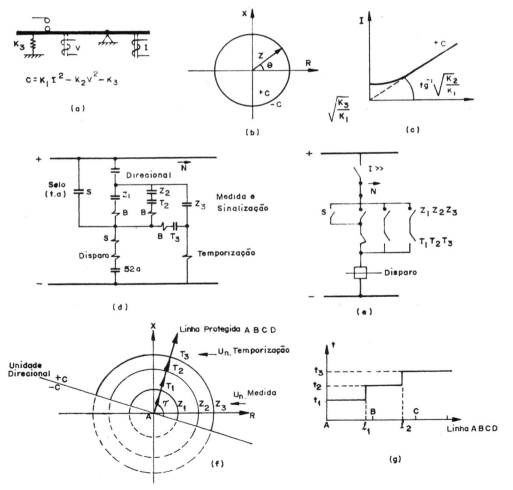

FIGURA 5.2 Relé de distância, tipo impedância

54   *Introdução à proteção dos sistemas elétricos*

Por outro lado, na Fig. 5.2(b), analisando a Eq. (5.2), verificamos que a região de conjugado positivo é interior ao círculo já que este foi traçado desprezando-se a parcela $\sqrt{K_3/K_2}\, I^2$. Conseqüentemente, se um relé for ajustado para um certo valor de impedância (Z), ele operará sempre que o relé "enxergar" um valor menor ou igual ao ajustado. Os defeitos além do comprimento de linha que correspondem a essa impedância ajustada, devem ser eliminados por outra maneira, como será mostrado a seguir.

Realmente, na prática, um tal relé de impedância é constituído de diversas partes, por exemplo:

a) unidade de partida, geralmente direcional (D);

b) três unidades de medida de impedância $(Z_1 - Z_2 - Z_3)$ de alta velocidade, reguláveis independentemente $(T_1 - T_2 - T_3)$;

c) unidade de temporização;

d) unidades auxiliares para sinalização (bandeirola B), bloqueio de contatos (selo S), etc.

As Figs. 5.2(d) e 5.2(e) mostram um arranjo típico de esquema de corrente contínua. Na Fig. 5.2(f) estão indicadas diversas das unidades acima citadas, e na Fig. 5.2(g) um esquema no plano (tempo × distância).

Para explicar o funcionamento de um tal relé, admitamos que sua primeira zona (círculo Z_1) fosse ajustada para ver faltas até 80% do comprimento do trecho protegido; a segunda zona fosse ajustada para 120% (círculo Z_2) e a terceira zona para 200%, por exemplo. Quanto às temporizações, admitamos para a primeira zona, $T_1 = 0$, para a segunda zona, $T_2 = 0,5$ s, para a terceira zona, $T_3 = 1$ s, como é usual. Assim, se ocorre uma falta dentro da primeira zona, as três unidades de medida vêm, fecham os contatos Z_1, Z_2 e Z_3 e energiza-se a bobina de temporização suposta que a falta esteja sendo alimentada na direção vista pela unidade direcional de partida por sobrecorrente. Ora, como. T_1 é praticamente nulo (só tempo próprio do relé), e já que o contato (52a) do disjuntor está fechado (acompanha o posicionamento dos pólos do disjuntor) energizam-se as bobinas das bandeirolas, de selo e de disparo do disjuntor, abrindo-se este. A bobina de selo serve para fechar um contato que, estando em paralelo com os contatos Z, e sendo da abertura retardada (t.a), protege os contatos principais do relé, estes abertos sem temporização quando da abertura do disjuntor, eliminando o defeito. As bobinas de bandeirola servem para sinalizar qual relé atuou e zona em que ocorreu a falta. Se, no entanto, a falta ocorre na segunda zona, somente as unidades Z_1 e Z_2 vêm, e como $T_2 < T_3$, o disparo do disjuntor dá-se através o caminho dos contatos Z_2 e T_2. Com a falta ocorrendo na terceira zona, o caminho para disparo do disjuntor é via Z_3, já que só esta unidade vê a falta.

Uma observação útil, nesta altura, é que as unidades Z_2 e Z_3 servem como retaguarda de Z_1 do trecho seguinte ao protegido pelo relé de distância. Também, se invertermos a alimentação de corrente de uma unidade como Z_2, por exemplo, ela passa a ver para traz, fazendo assim a proteção do barramento, etc. São recursos que discutiremos oportunamente.

5.3.2 RELÉ DE REATÂNCIA

É, por definição, um relé de sobrecorrente com restrição direcional. Portanto, sua equação de conjugado é

$$C = K_1 I^2 - K_2 VI \cos(\theta - T) - K_3. \qquad (5.5)$$

Façamos, inicialmente $T = 90°$. Resulta

$$C = K_1 I^2 - K_2 VI \operatorname{sen} \theta - K_3. \qquad (5.6)$$

Na iminência de operação ($C = 0$) e desprezando o efeito da mola ($K_3 = 0$), vem

$$K_1 I^2 = K_2 VI \operatorname{sen} \theta,$$

ou, dividindo por $K_2 I^2$,

$$\frac{K_1}{K_2} = \frac{V}{I} \operatorname{sen} \theta = Z \cdot \operatorname{sen} \theta = X,$$

ou

$$X = \frac{K_1}{K_2} = \text{cte.} \qquad (5.7)$$

A Eq. (5.7) representa, no plano R-X, uma reta paralela ao eixo dos R, conforme mostra a Fig. 5.3(a).

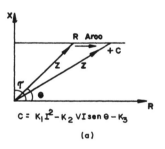
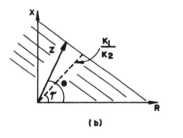

FIGURA 5.3 Relé de distância, tipo reatância

Embora esse relé tenha algumas restrições por ser de característica aberta, o que o torna sensível às oscilações do sistema, ele é usado muitas vezes graças a sua independência quanto ao valor da resistência de arco. De fato, admitindo-se que essa resistência possa ser representada por um valor ôhmico puro, qualquer

56   *Introdução à proteção dos sistemas elétricos*

que seja seu valor, ainda o relé verá o defeito, ao contrário do que ocorre com relés de característica fechada, tipo relé de impedância.

Uma outra consideração a ser feita, diz respeito aos chamados relés de característica angular. Eles resultam da equação (5.5) onde, fazendo-se $C = 0$ e $K_3 = 0$, vem

$$K_1 I^2 = K_2 VI \cos(\theta - T),$$

ou

$$\frac{K_1}{K_2} = \frac{V}{I} \cdot \cos(\theta - T) = Z \cos(\theta - T), \tag{5.8}$$

que é uma reta da forma $2a = r \cdot \cos(\theta - T)$ que, na analítica, foi mostrado ser indicada como na Fig. 5.3(c). Então, dependendo do valor K_1/K_2, teremos uma família de retas inclinadas no plano R-X, e muito úteis no caso de relés de bloqueio quando ocorrem oscilações estáveis do sistema. Realmente, como discutiremos mais tarde, uma carga ($N = P + jQ$) pode ser representada no plano R-X da seguinte forma [Fig. 5.3(d)]:

$$R = V^2 \frac{P}{P^2 + Q^2}, \qquad X = V^2 \frac{Q}{P^2 + Q^2}.$$

Se ocorre uma perturbação no sistema, o ponto figurativo da carga movimenta-se no plano R-X, e poderá penetrar na zona de atuação de um relé ohm, como indicado, provocando um desligamento indevido. Para evitar isso, por vezes, usam-se características angulares que, fazendo papel de verdadeiros antolhos, determinam bloqueio do relé de distância, sob certas condições de oscilação, mas não sob condição de defeito de curto-circuito, por exemplo.

Uma observação mais: é usual a combinação de características do tipo impedância e admitância, para formar um relé complexo que tira vantagem de ambas as curvas, como indicado no Cap. 13 (relé tipo GCX, da General Electric).

5.3.3 RELÉ MHO OU DE ADMITÂNCIA

É por definição, um relé direcional com restrição por tensão. Logo, sua equação de conjugado é

$$C = K_1 VI \cos(\theta - T) - K_2 V^2 - K_3. \tag{5.9}$$

Na iminência de operação ($C = 0$) e desprezado o efeito da mola ($K_3 = 0$), resulta

$$K_1 VI \cos(\theta - T) = K_2 V^2,$$

ou, dividindo por $K_2 VI$,

$$\frac{K_1}{K_2} \cos(\theta - T) = \frac{V}{I} = Z. \tag{5.10}$$

Essa equação, conhecida da geometria analítica, representa um círculo passando pela origem dos eixos e com diâmetro (K_1/K_2), conforme é mostrado na Fig. 5.4(a), inclinado de T (condição de fabricação do relé), o que dá inerente

Relés de distância

direcionalidade à característica, uma primeira vantagem em relação ao relé de impedância ou ohm.

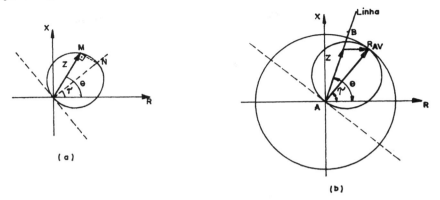

FIGURA 5.4 Relé de distância, tipo mho

Uma segunda vantagem, mostrada na Fig. 5.4(b), é que há melhor acomodação de uma possível resistência de arco, do que no relé de impedância. Constata-se que para proteger um mesmo comprimento de linha e uma dada resistência de arco, o relé abrange uma menor área no plano R-X, o que é vantajoso quanto à sensibilidade menor às possíveis oscilações do sistema.

Sob o ponto de vista da direcionalidade intrínseca, sem dúvida uma vantagem, vamos tecer mais algumas considerações. Assim, já definimos anteriormente que a equação de conjugado de uma unidade direcional simples é da forma

$$C = K_1 VI \cos(\theta - T) - K_2. \quad (5.11)$$

Para $C = 0$, resulta

$$Z = \frac{K_1}{K_2} \cdot V^2 \cdot \cos(\theta - T). \quad (5.12)$$

Essa equação mostra que o diâmetro do círculo característico é proporcional a $\left(\dfrac{K_1}{K_2} V^2\right)$. Ou seja, para faltas muito próximas à fonte, e sendo V pequeno no instante do defeito ($V = Z \cdot I_{cc}$), pode ocorrer um mau funcionamento ou mesmo falha de funcionamento do relé, criando-se uma "zona morta". Assim, há para o relé a exigência de um "comprimento mínimo" de linha, para que o mesmo possa atuar confiavelmente. Na prática, duas medidas básicas são adotadas. Ou se utiliza uma forma construtiva do tipo copo, que é leve, rápido e de alto conjugado intrínseco, e no qual o fabricante ajusta um valor (K_1/K_2), de modo a ver um certo valor mínimo de impedância, e que é indicado no catálogo, ou, então, adota-se a chamada "ação de memória". Nesta última disposição construtiva, a energia é constantemente armazenada em um capacitor em um circuito paralelo ao da bobina de tensão. Assim, mesmo que caia a zero a tensão

58 *Introdução à proteção dos sistemas elétricos*

no lado de alta-tensão do transformador, no caso de curto-circuito, ainda uma corrente, proveniente do capacitor, descarregando-se, fluirá na bobina de tensão do relé, por curto tempo, mas o suficiente para operação do relé de alta velocidade. O caso de um curto-circuito em que $V = 0$ é raro, felizmente; também a própria tensão através do arco, da ordem de uns 4% da tensão nominal, costuma ser suficiente para operar o relé.

5.3.4 RELÉ DE IMPEDÂNCIA MODIFICADO

É possível, com um artifício de compoundagem, fazer com que o relé de impedância tenha sua característica deslocada no plano R-X, de modo a oferecer resultados semelhantes ao do relé mho no que diz respeito à acomodação de certa resistência de arco voltaico (R_{AV}). Isso é feito, conforme a Fig. 5.5(a), polarizando-se convenientemente a bobina de tensão com uma componente CI proporcional à corrente aplicada no relé. Ou seja, o conjugado do relé de impedância modificado será da forma

$$C' = K_1 I^2 - K_2(V + CI)^2 - K_3. \tag{5.13}$$

Façamos inicialmente, $C' = 0$ e $K_3 = 0$ e desenvolvamos a expressão vetorial; resulta, por exemplo,

$$K_1|I^2| - K_2|V - CI|^2 = 0,$$

ou seja,

$$K_1 I^2 - K_2[V^2 - 2CVI \cos\theta + C^2 I^2] = 0,$$

$$K_1 - K_2\left[\frac{V_2}{I^2} - \frac{2CVI}{I^2}\cos\theta + \frac{C^2 I^2}{I^2}\right] = 0,$$

E como

$$K_1 - K_2[Z^2 - 2CZ \cos\theta + C^2] = 0.$$

$$Z^2 = R^2 + X^2 \quad \text{e} \quad Z \cdot \cos\theta = R,$$

vem

$$K_1 - K_2[R^2 + X^2 - 2CR + C^2] = 0,$$

$$K_1 - K_2[(R-C)^2 + X^2] = 0,$$

$$(R - C)^2 + X^2 = \left(\sqrt{\frac{K_1}{K_2}}\right)^2. \tag{5.14}$$

que é a equação de um círculo com centro deslocado C da origem e com raio igual a $\sqrt{K_1/K_2}$, conforme a Fig. 5.5(b).

Pode-se constatar, pois, que o relé ohm deslocado tornou-se intrinsecamente direcional e, ao mesmo tempo, para a mesma área ocupada no plano R-X, absorveu ainda um certo valor da resistência de arco voltaico (R_{AV}) sem perder a propriedade de cobrir a mesma extensão de linha (Z).

É fácil imaginar que se a bobina de compoundagem tiver tapes diversos, desde $C = 0$ até $C = 1$, pode-se deslocar à vontade o círculo no plano R-X. (Por exemplo, se C igual ao raio do círculo, tem-se o chamado *relé de condutância*, muito usado na Europa). Isso ocorre em alguns relés encontrados na prática e para os quais, a simples escolha de um determinado tape da bobina de compoundagem fornece característicá mais ou menos deslocada no plano. Outros artifícios semelhantes permitem-nos afirmar que é possível colocar uma

Relés de distância

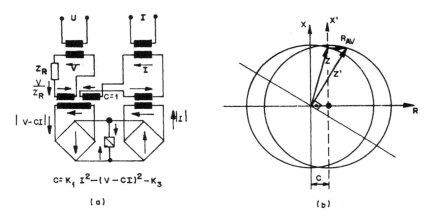

FIGURA 5.5 Relé de impedância modificado

característica de operação do relé em qualquer parte do diagrama *R-X*, de modo a cobrir contra qualquer tipo de defeito imaginável. Essa idéia evoluiu muito, ultimamente, com os relés estáticos, dando origem a características poligonais extremamente úteis em releamento de proteção.

5.4 Indicações de uso dos relés de distância

Resumindo as vantagens e desvantagens citadas, indicam-se as seguintes aplicações para os relés já vistos.

a) Relés de impedância ou ohm. Indicados para proteção de fase, em linhas de comprimento médio, por exemplo, até 138 kV. São um pouco sensíveis às oscilações do sistema e exigem adicional unidade direcional.

b) Relés de reatância. São indicados particularmente para proteção de fase, em linha de comprimento curto, onde a resistência tem valor apreciável em relação à indutância e os arcos voltaicos não podem ser desconsiderados. São bastante afetados pelas oscilações e também exigem adicional unidade direcional.

c) Relés de admitância ou mho. São bem indicados na proteção de fase em linhas longas e de mais altas-tensões, sujeitas a sérias oscilações. São bastante afetados pela resistência de arco voltaico, mas devido serem inerentemente direcionais e praticamente insensíveis a oscilações do sistema, são muito usados na prática de proteção de linhas.

EXERCÍCIOS

1. Em um diagrama *R-X* trace o vetor representativo de uma linha com impedância de $(2,8 + j5,0)\,\Omega$. No mesmo diagrama pede-se mostrar as carac-

60   *Introdução à proteção dos sistemas elétricos*

terísticas de relés de impedância, de reatância e mho ajustados para operar com um defeito sem arco no extremo da linha (admitir $\theta = T$ para o relé mho).

Considere, depois, que uma falta com resistência de arco voltaico de $(1,5 + j0)\,\Omega$ possa ocorrer em qualquer parte da linha; pede-se calcular para cada um dos relés anteriores, a máxima percentagem de linha efetivamente protegida. Comentar o resultado.

2. Escrever a equação do conjugado de um relé de resistência e representá-la no plano R-X.

CAPÍTULO 6

RELÉS COM CANAL PILOTO

6.1 Introdução

Constituem uma adaptação dos princípios do releamento diferencial para proteção de seções de linhas de transmissão. Uma tal adaptação é necessária porque o releamento diferencial clássico não é econômico para grandes distâncias.

O termo *piloto* significa que entre os terminais de uma linha há um canal de interconexão, de alguma forma, e sobre o qual informações podem ser conduzidas.

Três tipos de canais são usados:

a) Fio piloto — consiste geralmente em um circuito a dois fios, do tipo linha telefônica, aberta ou por cabo. É um sistema econômico para distâncias da ordem de 10-15 km, sendo bastante comum em sistemas de distribuição de energia e em sistemas industriais, particularmente na proteção de redes subterrâneas. Usa freqüência industrial.

Conforme a Fig. 6.1(a) e (b), respectivamente, há duas variantes denominadas *por circulação de corrente* e *por oposição de tensão*.

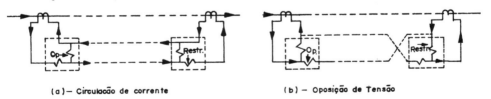

(a) — Circulação de corrente   (b) — Oposição de Tensão

FIGURA 6.1   Releamento por fio piloto

b) Onda portadora — ou corrente *carrier* piloto — na qual uma corrente de baixa-tensão, alta-freqüência (20-400 kHz) é transmitida ao longo dos próprios condutores da linha de potência, superposta à corrente de freqüência industrial, desde o transmissor até o outro terminal, sendo a terra e/ou o cabo-terra usados como condutor de retorno. É econômico a partir de 15 km, se comparado com o fio piloto.

A Fig. 6.2 mostra um esquema básico a ser detalhado posteriormente.

c) Microonda piloto — é um sistema rádio de alta-freqüência, acima de 900 MHz, usado quando o número de serviços requerendo canal piloto excede

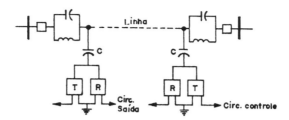

FIGURA 6.2 Releamento por onda portadora ou *carrier*

a capacidade técnica ou econômica do sistema por onda portadora (neste sistema, o alto preço deve-se ao grande número de filtros que são necessários aos vários canais requeridos). Os transmissores são controlados da mesma maneira que no sistema de onda portadora, e os receptores convertem os sinais recebidos em tensão de corrente contínua, igualmente. Nesse sistema, equipamentos de antena parabólica com linha de visada, uma em relação à outra, são necessários. A Fig. 6.3 mostra um esquema típico.

FIGURA 6.3 Releamento por microonda

São possíveis diversos esquemas. Descreveremos um deles a seguir, para ilustrar o princípio geral. Outros esquemas, incluindo a chamada proteção 100% da linha, são apresentados em cursos mais avançados.

6.2 Sistema de onda portadora por comparação direcional

Um sistema de geração, transmissão e distribuição de energia compreende estações geradoras (G) que alimentam os centros de carga (M), através de um sistema constituído por linhas de transmissão (LT) e subestações transformadoras (T) elevadoras ou abaixadoras da tensão, conforme a Fig. 6.4.

Nesse sistema, relés de proteção seletivos, rápidos e confiáveis, atuando por meio de vários esquemas, permitem a desejável continuidade de fornecimento de energia às cargas. Descreve-se, a seguir, um desses esquemas, denominado releamento com canal piloto por comparação direcional (são igualmente usados os métodos de comparação de fase).

Relés com canal piloto

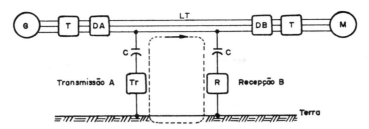

FIGURA 6.4 Sistema elétrico típico

Conforme foi visto anteriormente, a corrente da onda portadora, ou corrente *carrier*, de elevada freqüência, é transmitida pelos próprios condutores da linha. Em geral, há três tipos clássicos de acoplamento, conforme a Fig. 6.5:

a) acoplamento singelo — indicado até 138 kV;
b) acoplamento bifásico ou duplo — acima de 230 kV;
c) e, de circuitos duplos, no caso de linhas ou circuitos em paralelo, aumentando a confiabilid de e o custo.

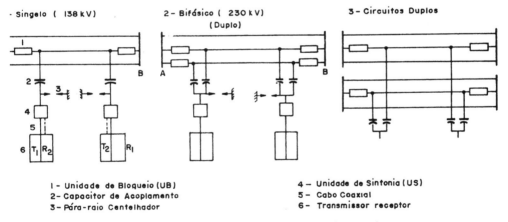

FIGURA 6.5 Tipos de acoplamento para onda portadora

Vamos descrever um acoplamento singelo, melhor detalhado na Fig. 6.6, sendo que em cada extremidade do trecho de linha protegido é instalado equipamento semelhante, tal que um sinal é transmitido do ponto A (transmissor) para o ponto B (receptor) ou vice-versa. Na Fig. 6.6 identificamos:

   C, capacitor de acoplamento;
   UB, unidade de bloqueio;
   US, unidade de sintonia;
     T, transmissor, calibrado entre 20 e 400 kHz;
     R, receptor;
     D, disjuntores-limite do trecho AB de linha.

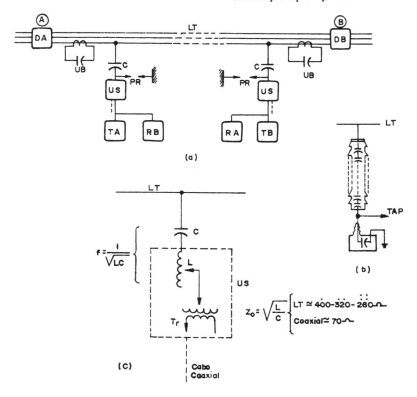

FIGURA 6.6 Acoplamento singelo da proteção por onda portadora

a) Equipamento transmissor e receptor — T e R

São ligados à linha mediante capacitores de acoplamento C, um para cada equipamento [Fig. 6.6(b)], permitindo assim efetuar-se a conexão do circuito baixa-tensão (T ou R) ao circuito de alta-tensão (LT). Esses capacitores são filtros passa-alta que oferecem uma baixa impedância às correntes de alta--freqüência, e uma elevada impedância às correntes de baixa-freqüência ou industriais. São, na realidade, verdadeiros divisores de tensão, servindo também, e por vezes, como transformadores de potencial.

b) Unidade de sintonia — US

Tem por finalidade reduzir ao mínimo as perdas resultantes da transferência de energia da corrente de onda portadora, entre o transmissor e a linha, ou entre a linha e o receptor [veja a Fig. 6.6(c)]. Consistem de uma indutância variável (L) e um transformador de ajuste (Tr).

A indutância (L) permite, quando devidamente ajustada, que o circuito capacitor-unidade de sintonia entre em ressonância-série (baixa impedância oferecida na freqüência de ressonância ajustada). Já o transformador de ajuste (Tr) permite o acasalamento entre as impedâncias características (Z_0) da linha e do

Relés com canal piloto

cabo coaxial que o liga ao equipamento transmissor e/ou ao receptor. De fato, recordemos que $Z_0 \cong \sqrt{L/C}$ é a impedância oferecida às ondas de translação da linha, e cujo valor é da ordem de $400\,\Omega$ para linhas aéreas simples, $320\,\Omega$ para linhas com condutores geminados, $260\text{-}300\,\Omega$ para linhas quadrigeminadas, e $70\,\Omega$ para cabos coaxiais. É, pois, necessário esse transformador de ajuste, consideradas as diferentes características Z_0. De fato, o circuito ressonante e o acasalamento das impedâncias constituem os meios pelos quais a unidade de sintonia efetua a redução das perdas acima citadas.

c) Unidade de bloqueio — *UB*

Tem por finalidade confinar a corrente da onda portadora à seção de linha protegida que lhe serve de condutor-suporte. É composta de um indutor e de um capacitor, em paralelo (logo, oferecendo alta impedância para a freqüência de ressonância ajustada, ao mesmo tempo que oferece uma impedância desprezível para a corrente industrial ou de baixa-freqüência da linha).

d) Resumo

Observa-se que o transmissor em A (*TA*) emite um sinal de onda portadora em freqüência devidamente ajustada, o qual será recebido pelo receptor em B (R_A), enquanto que o transmissor em B (*TB*) emite sinal para A (*RB*). Tais sinais podem ser usados:

1) para comandar certas partes componentes do sistema de transmissão;
2) para funcionar como sistema telefônico, se a onda portadora for convenientemente modulada em um extremo e demodulada no outro;
3) para sistema de telemedição de certas medidas efetuadas em A e que serão registrados em B, ou vice-versa.

O uso combinado dessas possibilidades reduz o alto custo inicial, justificando o projeto.

e) Por que a denominação direcional?

Seja o trecho 3-4 de uma parte de sistema que deve ser protegido pelo método de onda portadora, ou sistema *carrier*, e havendo possibilidade de alimentação pelas duas extremidades da linha, conforme a Fig. 6.7.

Desejamos, então, que para uma falta em B entre os disjuntores 3 e 4, só estes se abram; e, para faltas externas ao trecho, como em A e C aqueles disjuntores não atuem antes que 2 ou 5, respectivamente. Ou seja, para falta em B, queremos tempos de abertura dos disjuntores $t_3 < t_2$ e $t_4 < t_5$; e para falta em A, queremos $t_2 < t_3$; e para falta em C que $t_5 < t_4$. Ou seja, haveria incoerência, não fora a existência de um elemento que "visse" o sentido da corrente de defeito (além do tempo e magnitude da corrente).

Em um certo equipamento da General Electric, que descreveremos, um sinal de onda portadora é usado para travar o funcionamento dos relés direcionais, sempre que os mesmos tendam a operar para faltas externas ao trecho protegido; daí a justificativa do nome direcional. O coração desse sistema é

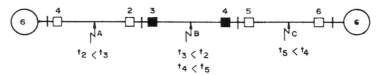

FIGURA 6.7 Necessidade da direcionalidade

uma válvula osciladora do transmissor (veja a Fig. 6.8), e que recebe tensão positiva através de um circuito auxiliar de corrente contínua. Sua grade de controle é ligada ao terminal positivo mediante um resistor, e ao terminal negativo através de contatos (Z e T_1) do tipo normalmente fechado, ou de contatos (M e T_2) normalmente abertos. Assim, enquanto os contatos normalmente fechados permanecem nessa posição, tal grade ficará sujeita a uma tensão predominantemente negativa, e a válvula não oscilará, ou caso estivesse oscilando, o fechamento dos contatos normalmente abertos interromperia seu funcionamento, para os dois receptores local e distante. Verifica-se que, se a válvula oscila, uma grade de operação envia sinal para o transmissor, sinal esse que é recebido pelos receptores RA e RB.

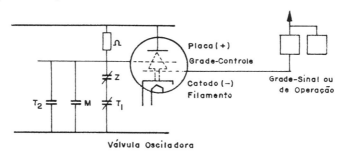

FIGURA 6.8 Válvula osciladora; princípio de funcionamento

f) Funcionamento do esquema

São usados relés detetores de falta entre fases (21-ASA, sobrecorrente com restrição por tensão, não-direcional) e fase-terra (67N-ASA, direcional, com atuação no sentido para fora do trecho protegido). Em caso de falta, pois, um desses relés dispara os transmissores, por meio de ação sobre o contato Z ou T_1, respectivamente. Por outro lado, a ação de bloqueio da transmissão, se a falta está no trecho a ser protegido, é feito por relés ASA-21 mho ou 67N (sentido operação para dentro) respectivamente, resultando na abertura dos disjuntores 3 e 4, conforme a Fig. 6.9, já que atuam sobre os contatos M ou T_2.

Resta explicar a atuação sobre a bobina de disparo (tripe) do disjuntor, e que está em série com um contato R, comandado pelo receptor da extremidade considerada. Ou seja, sempre que o receptor recebe sinal, abre-se R e os disjuntores são impedidos de atuar, já que a falta é externa ao trecho protegido.

Vamos imaginar a existência de faltas internas e externas ao trecho, e ver como a proteção reage.

Relés com canal piloto

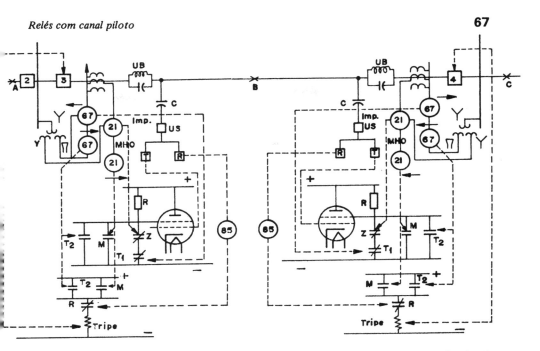

FIGURA 6.9 Funcionamento do sistema de onda portadora (GE) por comparação direcional

1) Falta no ponto A

Se for falta fase-fase os relés de impedância 21, não-direcionais, dos pontos 3 e 4, detetam a mesma e abrem os contatos Z. Se a falta é fase-terra será o relé 67N, direcional "vendo" no sentido de A, que atua abrindo o contato T_1. Com isso, aberto Z (ou T_1) os transmissores entram em operação, sendo que o situado em 3 emite sinal para os receptores em 3 e 4 e, vice-versa, o transmissor em 4 emite sinal para os receptores em 4 e 3. Porém, ao mesmo tempo, também o relé direcional 21 mho, em 4 (ou o 67N, se a falta é fase-terra), "vê" a falta no seu sentido de atuação e fecha o contato M do transmissor em 4, interrompendo o sinal de 4 para 3. Não obstante, o sinal de 3 para 4 continua sendo emitido (tanto o relé 21 mho, como o 67N, que comandam os contatos M e T_2, não "vêem" a falta A); logo, os receptores continuam recebendo sinal, o que mantém R aberto, via relé auxiliar 85 (relé do *carrier*) impedindo corretamente a abertura dos disjuntores, já que a falta A é externa ao trecho protegido.

2) Falta no ponto C

Semelhantemente, os disjuntores 3 e 4 permanecerão fechados.

3) Falta no ponto B

Os relés de impedância 21, não direcionais, em 3 e 4 detetam a falta fase-fase e abrem os contatos Z (se a falta for fase-terra, atuam os relés 67N em 3 e 4, diretamente sobre os contatos T_2), o que garante ao mesmo tempo a parada das transmissões e o sinal positivo na bobina de disparo (já que R está fechado, por não estar ocorrendo transmissão). Então, abrindo Z os transmissores 3 e 4 entram em operação, tendendo a abrir R. No entanto, os relés 21 mho, direcionais em 3 e 4, e "vendo" para dentro, atuam fechando os contatos M, com o que são bloqueadas as duas transmissões. Logo, fechando-se o contato R, pode haver o correto disparo de ambos disjuntores, uma vez que a falta é interna ao trecho protegido.

Constata-se, pois, que há alguns ajustes de temporização entre os relés, para que as ações ocorram como descrito. Também é claro que atualmente tal sistema usando válvula osciladora já está superado, mas o princípio dos mais modernos sistemas a estado sólido permanece válido e semelhante ao descrito por razões didáticas.

CAPÍTULO 7

REDUTORES DE MEDIDA E FILTROS

7.1 Introdução

À semelhança dos aparelhos de medida, os relés são usualmente conectados ao sistema de potência através de transformadores de corrente e/ou potencial. Dispositivos de acoplamento capacitivo, atuando como divisores de tensão, e acopladores lineares são às vezes usados. Desses diferentes dispositivos, no entanto, os transformadores de corrente (TC), com seus problemas de saturação resultantes das componentes contínua e alternada da corrente de defeito, requerem a maior consideração para assegurar aplicação satisfatória.

Quanto aos filtros, constituem uma das notáveis características dos dias atuais, com relação ao estado de desenvolvimento da engenharia de proteção por meio de relés, assegurando uma melhoria na qualidade de proteção e, ao mesmo tempo, simplificando-a. Neste estudo, estaremos unicamente interessados nos redutores de medida destinados à proteção.

7.2 Transformadores de corrente (TC)

Destinam-se a evitar a conexão direta de medidores e relés, nos circuitos de corrente alternada de alta-tensão, bem como a adaptar a grandeza a ser medida às faixas usuais da aparelhagem.

O enrolamento primário tem geralmente poucas espiras, às vezes mesmo uma única; ao contrário, o enrolamento secundário tem maior número de espiras e a ele são ligadas as bobinas dos diversos medidores e/ou relés.

7.2.1 CARACTERIZAÇÃO DE UM TC

Segundo a ABNT, os valores nominais que caracterizam os TC são:

a) corrente nominal e relação nominal;
b) classe de tensão de isolamento nominal;
c) freqüência nominal;
d) classe de exatidão nominal;
e) carga nominal;
f) fator de sobrecorrente nominal;

70   *Introdução à proteção dos sistemas elétricos*

g) fator térmico nominal;

h) limites de corrente de curta-duração nominal para efeito térmico e para efeito dinâmico.

Apresentaremos breve descrição desses valores.

a) Corrente e relação nominais

Segundo a norma P-EB-251 da ABNT, para correntes nominais secundárias de 5 A, as correntes nominais primárias são 5, 10, 15, 20, 25, 30, 40, 50, 60, 75, 100, 125, 150, 200, 250, 300, 400, 500, 600, 800, 1 000, 1 200, 1 500, 2 000, 3 000, 4 000, 5 000, 6 000 e 8 000 A (os valores segundo a norma ASA estão sublinhados).

A relação é indicada assim: 120:1 se o *TC* é 600-5 A; se há vários enrolamentos primários (série, série-paralelo e paralelo), indica-se 150 × 300 × 600-5 A.

b) Classe de tensão de isolamento nominal

É definida pela tensão do circuito ao qual o *TC* vai ser conectado (em geral, a tensão máxima de serviço).

c) Freqüência nominal

São normais às freqüências de 50 e/ou 60 Hz.

d) Classe de exatidão

Merece particular atenção; apresenta características distintas nos serviços de medição e proteção. Corresponde ao erro máximo de transformação esperado, se respeitada a carga permitida.

1) *TC* de medição − Para valores de 10 a 100% I_n os *TC* devem apresentar erros de relação e de ângulo de fase mínimos, dentro de cada classe. Devem, pois, enquadrar-se nos respectivos paralelogramos de precisão correspondentes às classes de 0,3, 0,6 e 1,2% de erro, em função do "fator de correção da relação" − FCR, dado pelo quociente da real relação de transformação medida e a relação nominal de placa, ou seja,

$$\text{FCR} = \frac{I_1/I_2}{K} = \frac{I_2 + I_e}{I_2}.$$

Em geral, a indicação da classe de exatidão precede o valor correspondente à carga, para um dado enrolamento X; por exemplo, 0,6-C2,5.

As classes 0,3 e 0,6 destinam-se às medidas de laboratório e faturamentos; a classe 1,2 serve para os demais medidores.

2) *TC* de proteção − É agora importante que os *TC* retratem com fidelidade as correntes de defeito, sem sofrer os efeitos da saturação; em geral, despreza-se o erro de ângulo de fase.

O circuito equivalente de um *TC* deve ser bem compreendido. Na Fig. 7.1, tem-se

I_1, valor eficaz da corrente primária (A);

$K = \text{N2/N1}$, relação de espiras secundárias para primárias;

Z_1, impedância do enrolamento primário;

Z_1', idem, referida ao secundário;

$I_0' = I_0/K$, corrente de excitação, referida ao secundário;

Redutores de medida e filtros

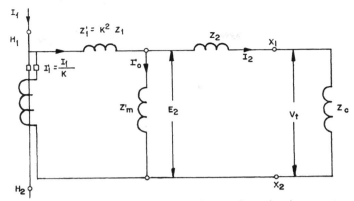

FIGURA 7.1 Circuito equivalente do transformador de corrente

Z'_m, impedância de magnetização, referida ao secundário;
E_2, tensão de excitação secundária (volts);
Z_2, impedância do enrolamento secundário (ohm);
I_2, corrente secundária (ampères);
V_t, tensão nos terminais do secundário (volts);
Z_c, impedância da carga (ohm).

Do circuito equivalente, constata-se que parte da corrente primária, é consumida na excitação do núcleo: $I'_1 = I'_0 + I_2$, e que a f.e.m. secundária (E_2) é função da corrente de excitação (I'_0), da impedância secundária (Z_2) e da própria carga (Z_c).

A curva que relaciona E_2 e I'_0 é denominada *curva de excitação secundária* (Fig. 7.2), e é muito importante nas aplicações. Assim, ela permite determinar a

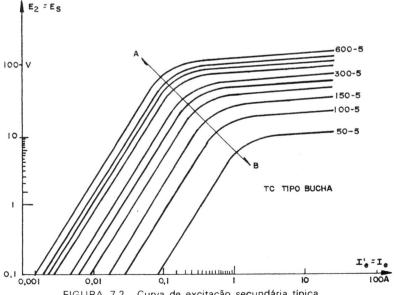

FIGURA 7.2 Curva de excitação secundária típica

72 *Introdução à proteção dos sistemas elétricos*

tensão secundária a partir do qual o TC começa a saturar; é o ponto-de-joelho, PJ, definido como aquele em que, para se ter aumento de 10% em E_2, precisa-se aumentar 50% em I'_0 (às vezes as curvas mostram isso na reta AB).

Dependendo das características construtivas do TC, a reatância de dispersão do enrolamento secundário será maior ou menor. Na prática eles são ditos de baixa impedância (B segundo a ABNT, ou L segundo a ASA) ou tipo bucha, e de alta impedância (A segundo a ABNT, ou H segundo a ASA) ou de enrolamento concentrado.

Segundo a norma ASA, admitindo que o TC esteja suprindo $20 I_n$ (ou 100 A) a sua carga, ele é classificado na base da máxima tensão eficaz que pode manter em seus terminais secundários, sem exceder o erro especificado de 10 ou 2,5%. Assim, 10 (ou 2,5) H (ou L) 100 significa um TC de alta (ou baixa) impedância, capaz de manter 100 V (ou $100/20 \times 5 \, A = 1 \, \Omega$) em seus terminais sob erro máximo de 10% (ou 2,5%) quando alimentando carga até $1 \, \Omega$. As tensões secundárias — padrão ASA — são 10, 20, 50, 100, 200, 400 e 800 V, que correspondem às cargas 0,1, 0,2, 0,5, 1,0, 2,0, 4 e 8 Ω, respectivamente, e válidas apenas para a menor relação do TC. O número antes da letra H ou L, indica o máximo erro de relação especificado, ou exatidão do TC, em porcentagem [% = 100 (FCR – 1)]. Notar que a potência: VA $\approx \Omega \times A^2$.

Um método aproximado de descobrir a classificação de um TC, tipo bucha, segundo a norma ASA consiste na leitura dos dados do ponto-de-joelho da curva $I_e \times E_s$. Então:

i) aproxima-se o valor de E_s lido para o E_s padronizado;

ii) calcula-se a classe de exatidão, pela expressão abaixo, e aproxima-se-a de 2,5 ou 10%,

$$\% = \frac{I_{e\,lido}}{I_2} \times 100,$$

onde I_2 refere-se ao valor da corrente secundária nominal do TC considerado. Para as demais relações do TC, a precisão mantém-se, mas a carga tolerável reduz-se proporcionalmente. Por exemplo, no TC da Fig. 7.2 teríamos

$$\text{precisão} = \frac{1}{5} \times 100 = 20\%.$$

Logo o TC é 10L10, na relação 50-5. Ou seja, na relação 100-5 seria

$$10L10 \frac{50}{100} = 10L5.$$

Segundo a ABNT, os erros são também de 2,5 ou 10%, de I_n até o fator de sobrecorrente nominal e que pode ser F5, F10, F15 (TC tipo bucha) ou F20 (a ASA só considera F20). Assim, um TC indicado B (ou A) 2,5 (ou 10) F10 C100, significa tipo de baixa impedância (ou alta), erro máximo de 2,5 (ou 10%), sob fator de sobrecorrente $10 I_n$, capaz de alimentar a carga de 100 VA. As potências padronizadas são 12,5, 25, 50, 100, 200, 400 e 800 VA, dependendo do fator de sobrecorrente e da classe de exatidão tabelados.

Redutores de medida e filtros

Em resumo do anteriormente exposto, significa que devemos especificar a tensão secundária máxima $(E_2 = E_s)$ a partir da qual o TC passa a sofrer os efeitos da saturação, deixando de apresentar a precisão da sua classe de exatidão. Ou seja, deve-se calcular

$$E_s = 4,44 N_2 \cdot f \cdot S \cdot B_{max} \cdot 10^{-8} = I_2(Z_c + Z_2 + Z_L) = I_2 \cdot Z_t \quad \text{volts},$$

onde

$S,$ seção do núcleo (cm^2);
$B_{max},$ máxima densidade de fluxo (gauss);
$Z_L,$ impedância dos condutores (ohms).

e) Carga nominal

Todas as considerações sobre exatidão dos TC está condicionada ao conhecimento da carga dos mesmos $(Z_t = R + jX)$. Os catálogos dos fabricantes de relés e medidores fornecem as cargas Z_c que os mesmos representam para os TC; a isto deve-se ainda adicionar a carga imposta pela fiação (Z_L), e que pode ser calculada aproximadamente, por

$$Z_L = 2 \times 10^{-2} \frac{l}{S} \quad \text{(ohms)},$$

onde

Z_L = resistência da fiação (ohms),
l = comprimento simples da fiação de cobre (metros),
S = seção reta do condutor (milímetros quadrados).

Em geral, para especificar o *ponto-de-joelho* mínimo seguro de um TC, para fugir da saturação da componente contínua, toma-se um fator de segurança de 100% sobre o cálculo $(20 I_n \cdot Z_t)$, ou seja,

$$PJ_{min} = 2 \times 20 I_n \times Z_t \quad \text{(volts)},$$

se o TC tem fator de sobrecorrente F20.

f) Fator de sobrecorrente nominal

Expressa a relação entre a máxima corrente com a qual o TC mantém a sua classe de exatidão e a corrente nominal. Segundo a ABNT, esse fator é 5, 10, 15 ou $20 I_n$ (segundo a ASA, é sempre $20 I_n$).

g) Fator térmico nominal

É o fator pelo qual deve ser multiplicada a corrente primária nominal de um TC, para se obter a corrente primária máxima que o transformador deve poder suportar, em regime permanente, operando em condições normais, sem exceder os limites de temperatura especificados para a sua classe de isolamento. Segundo a ABNT, esses fatores podem ser 1,0, 1,3, 1,5 ou 2,0.

74 *Introdução à proteção dos sistemas elétricos*

h) Limite de corrente de curta duração para efeito térmico

É o valor eficaz da corrente primária simétrica que o *TC* pode suportar por um tempo determinado (normalmente 1 s), com o enrolamento secundário curto-circuitado, sem exceder os limites de temperatura especificados para sua classe de isolamento.

Em geral, é maior ou igual à corrente de interrupção máxima do disjuntor associado.

i) Limite de corrente de curta-duração para efeito mecânico

É o maior valor eficaz de corrente primária que o *TC* deve poder suportar durante determinado tempo (normalmente 0,1 s), com o enrolamento secundário curto-circuitado, sem se danificar mecanicamente, devido às forças eletromagnéticas resultantes. Segundo a norma VDE, vale 2,5 vezes o limite para efeito térmico, na classe 10-30 kV e três vezes na classe 60-220 kV.

No Anexo I é apresentada parte de uma tabela do fabricante (GE), apresentando cargas impostas aos *TC* por medidores e relés.

7.3 Transformadores de potencial (*TP*)

São transformadores para instrumento cujo enrolamento primário é conectado em derivação com o circuito elétrico, e que se destinam a reproduzir no seu circuito secundário a tensão do circuito primário com sua posição fasorial substancialmente mantida em uma posição definida, conhecida e adequada para uso com instrumentos de medição, controle ou proteção.

Os *TP* introduzem dois erros na transformação da tensão: em módulo e em ângulo. Tais erros são mais importantes na medição de energia. Há, pois, também curvas de fator de correção de relação (FCR) e do ângulo de defasagem diversas (função da carga, tensão e fator de potência).

7.3.1 CARACTERIZAÇÃO DE UM *TP*

Segundo a ABNT, os valores nominais que caracterizam os *TP*, são:

a) tensão primária e relação de transformação nominal;
b) classe de tensão de isolamento nominal;
c) freqüência nominal;
d) carga nominal;
e) classe de exatidão nominal;
f) potência térmica nominal.

Apresentaremos breve descrição desses valores, a seguir.

a) Tensão primária nominal e relação nominal

Segundo a ABNT, e conforme o Anexo II, têm-se diversas classes de isolamento (desde 0,6 até 440 kV), com tensões primárias nominais desde 115 até 460 000 V, e tensões secundárias de 115 V.

Redutores de medida e filtros **75**

Seleciona-se a relação normalizada para uma tensão primária igual ou imediatamente superior à tensão de serviço.

b) Classe de tensão de isolamento nominal

A seleção da classe de tensão de isolamento de um TP depende da máxima tensão de linha do circuito ao qual será ligado (veja o Anexo II).

c) Freqüência nominal

Os TP são fabricados para 50 e/ou 60 Hz.

d) Carga nominal

É a potência aparente, em VA, indicada na placa e com a qual o TP não ultrapassa os limites de precisão de sua classe. Para determinação da carga imposta a um TP, basta somar as potências que cada um dos aparelhos conectados ao seu secundário absorve.

Segundo a ABNT, a carga é indicada por P12,5 (correspondente à potência aparente de 12,5 VA), P25, P50, P100, P200 e P400. Segundo a norma ASA, os TP têm suas cargas indicadas por letras: W (corresponde a 12,5 VA), $X(= 25$ VA), $Y(= 75$ VA), $Z(= 200$ VA) e $ZZ(= 400$ VA).

e) Classe de exatidão nominal

Os TP enquadram-se em uma das seguintes classes de exatidão: 0,3; 0,6 ou 1,2; as aplicações correspondem às dos TC. Ou seja, as classes 0,3 e 0,6 destinam-se a aparelhos de medida ou laboratório e faturamento, enquanto a classe 1,2 destina-se à alimentação de aparelhos indicadores diversos e relés. Há, igualmente, os paralelogramas de precisão para os TP.

f) Potência térmica nominal

É a máxima potência que o TP pode fornecer em regime permanente, sob tensão e freqüência nominais, sem exceder os limites de elevação de temperatura especificados. Em princípio, a potência térmica nominal não deve ser inferior a 1,33 vezes a carga mais alta referente à exatidão do TP.

7.3.2 TRANSFORMADORES DE POTENCIAL CAPACITIVOS

Além dos TP convencionais, e semelhantes aos transformadores de potência, ainda dois tipos de TP capacitivos são usados na proteção por meio de relés: o tipo capacitor de acoplamento, e o tipo bucha.

Esses tipos são basicamente iguais; diferem apenas no divisor capacitivo usado. As Figs. 7.3(a) e (b) mostram os dois tipos. Na Fig. 7.3(c) é mostrado o esquema do TP capacitivo; o circuito mostrado é combinado com os outros das fases, sendo usual a conexão em estrela para relés de fase e triângulo aberto para deteção de defeito para terra. A reatância indutiva X_L é variável, sendo ajustada para fazer com que a tensão na carga (V_B) esteja em fase com a tensão do sistema (V_S).

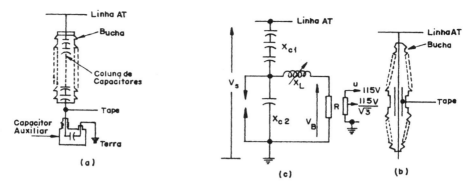

FIGURA 7.3 Transformador de tensão, tipo capacitivo

A carga nominal do enrolamento secundário de um *TP* capacitivo é especificada em watts, sob tensão secundária nominal, quando a tensão nominal fase-terra é aplicada ao divisor capacitivo de tensão. Para o *TP* tipo capacitor de acoplamento, a carga nominal é de 150 W em qualquer tensão nominal; para o tipo bucha, as cargas são dadas na Tab. 7.1.

TABELA 7.1

| Tensão (kV) || *TP* bucha: |
Fase-fase	Fase-terra	carga (watts)
115	$115/\sqrt{3}$ = 66,4	25
138	79,7	35
161	93,0	45
230	133,0	80
287	166,0	100

7.4 Filtros de componentes

São dispositivos usados para separação das correspondentes componentes simétricas de tensão ou corrente de um circuito trifásico. Têm terminais de entrada aos quais são aplicadas correntes ou tensões, e terminais de saída onde são obtidas correntes ou tensões proporcionais às correspondentes componentes simétricas das grandezas aplicadas na entrada, e que irão alimentar os relés ou controlar transmissores, receptores, etc.

Os filtros são particularmente úteis, por exemplo, quando um sistema elétrico alcança os limites de estabilidade estática e dinâmica, onde relés de seqüência negativa devem impedir a operação incorreta dos dispositivos de proteção, face às oscilações normais; também são necessários na seleção da fase defeituosa durante os religamentos automáticos das linhas de transmissão, etc. São mais usuais os filtros de seqüências zero e negativa.

7.4.1 FILTROS DE SEQÜÊNCIA ZERO

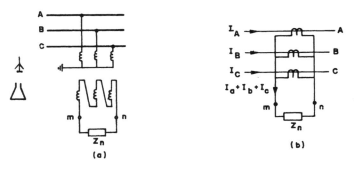

FIGURA 7.4 Filtros de seqüência zero

a) Tensão

Conforme a Fig. 7.4(a), na conexão triângulo aberto, muito usual, a tensão que aparece através dos terminais do filtro é

$$V_{mn} = V_a + V_b + V_c =$$
$$= (V_{a1} + V_{a2} + V_{a0}) + (B_{b1} + V_{b2} + V_{b0}) + (V_{c1} + V_{c2} + V_{c0}) =$$
$$= (V_{a1} + V_{b1} + V_{c1}) + (V_{a2} + V_{b2} + V_{c2}) + (V_{a0} + V_{b0} + V_{c0}) =$$
$$= (V_{a1} + a^2 V_{a1} + aV_{a1}) + (V_{a2} + aV_{a2} + a^2 V_{a2}) + (3V_{a0}) =$$
$$= V_{a1}(1 + a^2 + a) + V_{a2}(1 + a + a^2) + 3V_{a0} =$$
$$V_{mn} = 3V_{a0}.$$

b) Corrente

Na Fig. 7.4(b) verifica-se que o filtro de corrente é dual do filtro de tensão, e vice-versa. Resulta, aplicando as propriedades das componentes simétricas,

$$\begin{vmatrix} I_a \\ I_b \\ I_c \end{vmatrix} = \begin{vmatrix} I & I & I \\ I & a^2 & a \\ I & a & a^2 \end{vmatrix} \times \begin{vmatrix} I_{a0} \\ I_{a1} \\ I_{a2} \end{vmatrix},$$

ou

$$I_a + I_b + I_c = 3 \times I_{a0},$$

ou

$$I_{mn} = 3 \cdot I_{a0}.$$

7.4.2 FILTROS DE SEQÜÊNCIA NEGATIVA

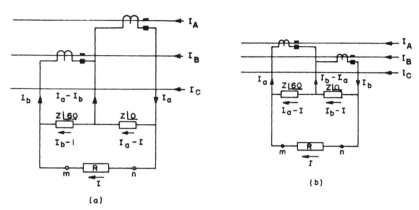

FIGURA 7.5 Filtros de corrente de seqüência positiva (a) negativa (b)

Na Fig. 7.5(b), montado com base em duas impedâncias $Z\underline{/60}$ (por exemplo, um resistor em série com um capacitor) e $Z\underline{/0}$, tem-se $\Sigma ZI = 0$ na malha do relé, resultando

$$(I_a - I) \cdot Z\underline{/60} + (I_b - I) \cdot Z\underline{/0} = 0$$
$$(I_b - I)Z = h^2(I_a - I)Z$$
$$I_b - I = h^2 I_a - h^2 I$$
$$I_b - I_a h^2 = I - h^2 I$$
$$(I_{b1} + I_{b2}) - (I_{a1} + I_{a2})h^2 = I(I - h^2)$$
$$I_{a2} \cdot h(I - h^2) = I(I - h^2)$$
$$I_{a2} = \frac{I}{h} = \frac{I}{\underline{/120}} = 1\underline{/-120},$$

ou
$$I_{a2} = I \cdot e^{-j120},$$
ou
$$I \approx I_{a2},$$

ou seja, nessa conexão o relé, conectado entre *m* e *n*, recebe corrente *I* proporcional à componente de seqüência negativa I_{a2}.

Observação. Na Fig. 7.5(b), simplesmente foram invertidas as alimentações I_A e I_B. Aplicando o mesmo raciocínio, concluir-se-á que $I \approx I_{a1}$, ou seja, trata-se de um filtro de seqüência positiva.

7.5 Aplicações

EXEMPLO 1. Pede-se determinar o valor da saída U_{mn} do filtro de tensão de seqüência negativa a seguir, para $R_2 = 2R_1$ e $x = \sqrt{3}R_1$.

Redutores de medida e filtros

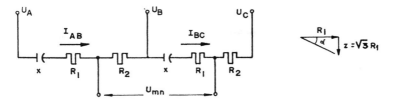

FIGURA 7.6 Exemplo de cálculo de filtro de tensão de seqüência negativa

SOLUÇÃO. Basta resolver o circuito dado:

$$U_{mn} = R_2 \cdot I_{AB} + (R_1 - jx) \cdot I_{BC},$$

onde

$$I_{AB} = \frac{U_A - U_B}{(R_1 + R_2) - jx} \quad \text{e} \quad I_{BC} = \frac{U_B - U_C}{(R_1 + R_2) - jx}.$$

Logo

$$U_{mn} = R_2 \frac{(U_A - U_B)}{(R_1 + R_2) - jx} + \frac{(U_B - U_C)}{(R_1 + R_2) - jx},$$

$$U_{mn} = R_2 \frac{(U_A - U_B) + (R_1 - jx)(U_B - U_C)}{(R_1 + R_2) - jx}.$$

Substituindo $R_2 = 2R_1$ e $x = \sqrt{3}R_1$ e simplificando, vem

$$U_{mn} = \frac{2(U_A - U_B) + (1 - j\sqrt{3})(U_B - U_C)}{3 - j\sqrt{3}} =$$

$$= \frac{2U_A - (1 + j\sqrt{3})U_B - (1 - j\sqrt{3})U_C}{3 - j\sqrt{3}} =$$

$$= \frac{2U_A - 2e^{j60} \cdot U_B - 2e^{-j60} \cdot U_C}{2\sqrt{3}e^{-j30}}.$$

Como desejamos somente a resposta à componente de seqüência negativa, basta substituir

$$U_{A2} = U_{B2} \cdot e^{-j120} = U_{C2} \cdot e^{j120}.$$

Vem, então,

$$U_{mn} = \frac{2U_{A2} - 2e^{j60} \cdot U_{A2} e^{j120} - 2e^{-j60} \cdot U_{A2} e^{-j120}}{2\sqrt{3}e^{-j30}} =$$

$$= \frac{U_{A2}[1 - e^{j60} \cdot e^{j120} - e^{-j60} \cdot e^{-j120}]}{\sqrt{3}e^{-j30}} =$$

$$= \frac{U_{A2}}{\sqrt{3}e^{-j30}} [1 - e^{j180} - e^{-j180}] =$$

$$= \frac{U_{A2}}{\sqrt{3}e^{-j30}} [1 - (-1) - (-1)] =$$

$$= \frac{3 \cdot U_{A2}}{\sqrt{3}e^{-j30}} = \sqrt{3} \cdot U_{A2} \cdot e^{j30},$$

$$U_{mn} = U_{A2} \cdot \sqrt{3} \cdot e^{j30},$$

ou seja, trata-se de um filtro de tensão de seqüência negativa, com boa amplitude de saída.

EXEMPLO 2. Desprezando-se a potência consumida pelas conexões e condutores de ligação, qual a precisão recomendada para um *TC* destinado a alimentar, simultaneamente, um amperímetro *AH*-11, um medidor de watt-hora *V*-65 e um medidor de watt-hora *IB*-10, usados em um laboratório de medição?

SOLUÇÃO. Consultando um catálogo da General Electric (Anexo I), fabricante dos aparelhos em questão, obtêm-se as características:

AH-11	2,10 W	0,90 VAR	2,30 VA
V-65	0,12	0,12	0,17
IB-10	0,80	0,80	1,10
Total	3,02	1,82	

Resulta

$$VA = \sqrt{W^2 + VAR^2} = \sqrt{3,02^2 + 1,82^2} = 3,52.$$

Então, de acordo com as informações do texto, a exatidão recomendada para o *TC* seria 0,3B0,2, segundo a norma ASA, e 0,3C5,0, segundo a norma ABNT.

EXEMPLO 3. Suponhamos que o *TC* do exemplo anterior deva ainda alimentar um relé de sobrecorrente tipo 121AC51B, ligado no tape mínimo de 4 A e destinado a operar com 20 A. Qual seria a nova especificação para o *TC*?

SOLUÇÃO. Dos catálogos do fabricante (General Electric, Anexo I), vem:

	Z(ohm)	R(ohm)	VA
AH-11	0,090	0,085	2,30
V-65	0,007	0,005	0,17
IB-10	0,042	0,030	1,10
IAC51B	0,380	0,110	9,50
Total	0,519		13,07

Ou então, para o *TC* com 5 A secundários,

$$P = ZI^2 = 0,519 \times 5^2 = 13 \text{ VA}.$$

Poder-se-ia, pois, indicar, segundo a ABNT, um *TC*:A10F20C12,5, para menos, ou o equivalente ASA-10H50; ou, para mais: B10F20C25 segundo a ABNT ou 10L100 segundo a norma ASA (a classe de exatidão a 10% foi escolhida porque a corrente de operação é inferior a dez vezes a corrente de tape do relé; caso fosse superior; deveria ser especificada a exatidão a 2,5%).

Redutores de medida e filtros   **81**

EXEMPLO 4. Um dado *TC* tem limite térmico de 40 kA. Se os relés e disjuntores eliminam o defeito em 2 s, qual a corrente permissível para o *TC*? Qual seria a mínima seção reta do condutor de cobre primário do *TC*?

SOLUÇÃO. Por definição, o limite térmico refere-se à máxima corrente que pode ser suportada pelo *TC* durante 1 s. Então, como $I^2 t = $ cte, vem

$$I_1^2 t_1 = I_2^2 t_2,$$

ou

$$I_2 = I_1 \sqrt{\frac{t_1}{t_2}} = 40\,000 \sqrt{\frac{1}{2}} = 28\,400 \text{ A}.$$

Por outro lado, o limite térmico é calculado pela expressão:

$$I_{1\,term} = \frac{\delta \cdot F}{1\,000} \quad (\text{kA}),$$

onde

δ, máxima densidade de corrente do condutor, em A/mm^2 (vale 180 para o cobre e 118 para o alumínio);
F, seção reta do condutor primário (mm^2).

Então, o condutor primário deveria ter uma seção mínima de

$$F = \frac{I_{1\,term}}{180} = \frac{40\,000 \text{ A}}{180 \text{ A/mm}^2} = 223 \text{ mm}^2,$$

ou seja, uma barra de cobre de $\left(1\frac{1}{2} \times \frac{1}{2}\right)$ pol, por exemplo.

EXEMPLO 5. Um *TC* de relação 100/5 A, cujo condutor primário de cobre tem 55 mm^2 de seção reta, é colocado em um local do circuito em que a corrente permanente de curto-circuito é de 10 000 A. Pede-se verificar o tempo de solicitação permissível para o *TC*, para fins de ajuste da proteção.

SOLUÇÃO. Sabe-se que o aquecimento de um condutor é calculado por

$$v = \frac{I_d^2 \cdot t}{F^2 \cdot c},$$

onde

v, sobretemperatura admissível (para *TC* pode atingir 190 °C);
I_d, corrente permanente de curto-circuito, em ampères;
t, tempo, em segundos;
F, seção do condutor, em milímetros quadrados;
c, constante térmica do material (vale 172 para o cobre e 74 para o alumínio).

Então

$$t = \frac{v \cdot F^2 \cdot c}{I_d^2} = \frac{190 \times 55^2 \times 172}{10\,000^2} = 1 \text{ s}.$$

ANEXO I   Cargas típicas para especificação de *TC* (General Electric)

Tipo	*Impedância* Z (ohms)	*Resistência* R (ohms)	*Indutância* L (henry)	VA	W	VAR	cos φ
Amperímetros							
CD-3, *CD*-4, *CD*-27, *CD*-28	0,515	0,140	1,310	12,8	3,5	12,3	0,27
AB-10, *AB*-12, *AB*-13	0,116	0,055	270	2,9	1,4	2,5	0,48
AH-11	0,090	0,085	92	2,3	2,1	0,9	0,92
Wattímetros							
AB-10, *AB*-12, *AB*-13	0,102	0·023	260	2,5	0,6	2,5	0,22
AB-15, *AB*-16, *AB*-18	0,063	0,019	160	1,6	0,5	1,5	0,30
P-3	0,160	0,145	150	4,0	3,6	1,5	0,92
Medidores de watt-hora							
I-30	0,106	0,052	245	2,60	1,30	2,30	0,50
V-65	0,007	0,005	13	0,17	0,12	0,12	0,69
IB-10	0,042	0,030	80	1,10	0,80	0,80	0,70
Fasímetros							
AB-10, *AB*-12, *AB*-13	0,144	0,100	260	3,6	2,6	2,5	0,72
P-3	0,100	0,090	110	2,5	2,2	1,0	0,90
Relés							
IAC-5IB (mod. 12IAC51B149A)	1,340	0,820	2,813	33,5	20,4	26,4	0,61

Nota. Valores baseados em 5 A secundários, 60 Hz, e determinados por elemento. Para relés são determinados na derivação mínima (tape)

ANEXO II   Tabela de tensões primárias nominais e relações nominais para transformadores de potencial (ABNT)

Classe de tensão de isolamento nominal (kV)	*Grupo* 1 para ligação de fase para fase		*Grupos 2 e 3* para ligação de fase para neutro	*Relações nominais*	
	Tensão primária nominal (V)	Relação nominal	Tensão primária nominal (V)	Tensão secundária de $115/\sqrt{3}$ V	Tensão secundária de ~ 115 V
(1)	(2)	(3)	(4)	(5)	(6)
0,6	115	1:1	—	—	—
	230	2:1	$230/\sqrt{3}$	2:1	1,2:1
ʹʹ	402,5	3,5:1	$402,5/\sqrt{3}$	3,5:1	2:1
	460	4:1	$460/\sqrt{3}$	4:1	2,4:1
1,2	575	5:1	$575/\sqrt{3}$	5:1	3:1
	2 300	20:1	$2\,300/\sqrt{3}$	20:1	12:1
	3 450	30:1	$3\,450/\sqrt{3}$	30:1	17,5:1
5	4 025	35:1	$4\,025/\sqrt{3}$	35:1	20:1
	4 600	40:1	$4\,600/\sqrt{3}$	40:1	24:1
8,7	6 900	60:1	$6\,900/\sqrt{3}$	60:1	35:1
	8 050	70:1	$8\,050/\sqrt{3}$	70:1	40:1
15	11 500	100:1	$11\,500/\sqrt{3}$	100:1	60:1
15-B	13 800	120:1	$13\,800/\sqrt{3}$	120:1	70:1
25	23 000	200:1	$23\,000/\sqrt{3}$	200:1	120:1
	25 000	200:1	$25\,000/\sqrt{3}$	200:1	120:1
34,5	34 500	300:1	$34\,500/\sqrt{3}$	300:1	175:1
46	46 000	400:1	$46\,000/\sqrt{3}$	400:1	240:1
69	69 000	600:1	$69\,000/\sqrt{3}$	600:1	350:1
92	92 000	800:1	$92\,000/\sqrt{3}$	800:1	480:1
138	115 000	1 000:1	$115\,000/\sqrt{3}$	1 000:1	600:1
138-B	138 000	1 200:1	$138\,000/\sqrt{3}$	1 200:1	700:1
161	161 000	1 400:1	$161\,000/\sqrt{3}$	1 400:1	800:1
161-B					
230	196 000	1 700:1	$196\,000/\sqrt{3}$	1 700:1	1 000:1
230-B1					
230-B2	230 000	2 000:1	$230\,000/\sqrt{3}$	2 000:1	1 200:1
345	287 000	2 500:1	$287\,000/\sqrt{3}$	2 500:1	1 400:1
345-B1					1 500:1
345-B2	345 000	3 000:1	$345\,000/\sqrt{3}$	3 000:1	1 700:1
440	402 500	3 500:1	$402\,500/\sqrt{3}$	3 500:1	2 000:1
440-B1					
440-B2	460 000	4 000:1	$460\,000/\sqrt{3}$	4 000:1	2 400:1

E se os relés fossem ajustados para operar em 1,5 s, qual seria a seção necessária no primário do *TC*? Viria

$$F = \sqrt{\frac{I_d^2 \cdot t}{v \cdot c}} = I_d \sqrt{\frac{t}{v \cdot c}} = 10\,000 \sqrt{\frac{1,5}{190 \times 172}} = 67,75 \text{ mm}^2.$$

Portanto, seria necessário trocar o *TC* por outro maior.

Observação. Desejando-se religar mais de uma vez sobre o defeito será necessária uma seção

$$F = \sqrt{\frac{I_d^2 \cdot t}{v \cdot c} \cdot k},$$

onde *k* é o número de religamentos desejados.

EXERCÍCIOS

1. No sistema da Fig. 7.7 foram instalados os equipamentos indicados. Pede-se verificar se os *TC* (1) e (2), tipo bucha, foram especificados corretamente, e justificar matematicamente se necessitar outra forma de especificação. São dados:

TC(1): 600-5 A; 2,5L100; impedância da fiação desprezível.
TC(2): 400-5 A; 10L50; fiação com 0,315 Ω/fase.
IAC51: tapes 4-16 A, com 1,34 Ω no tape 4 A.
$I_{cc}3\phi$: 9 000 A, como indicado.

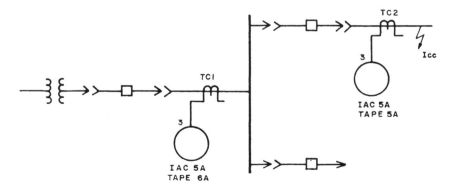

FIGURA 7.7

Redutores de medida e filtros 85

2. Demonstrar que a resposta do filtro da Fig. 7.8, à tensão de seqüência negativa, se $x_1 = R/\sqrt{3}$ e $x_2 = 2R/\sqrt{3}$ é $U_{mn} = 3U_{A2}e^{-j60}$.

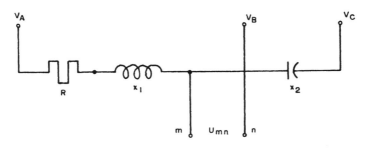

FIGURA 7.8

3. Especificar, segundo as normas ABNT e ASA, um TC para alimentação dos seguintes aparelhos da General Electric, localizados na sala de comando de uma usina hidroelétrica: um amperímetro CD-28, um fasímetro P-3, um relé IAC51B ligado no tape 6 e operando para 72 A, um watt-hora *I*-30.

4. Indique e justifique a mais alta classificação segundo a norma ASA para o TC constante da Fig. 7.2, do texto. Qual seria a classificação se o TC fosse usado na relação 50:1? Comentar os resultados.

CAPÍTULO 8

RELÉS SEMI-ESTÁTICOS E ESTÁTICOS

8.1 Introdução

O desenvolvimento de dispositivos semicondutores estáticos com alto grau de confiabilidade, como os transistores, o SCR, etc., conduziu ao projeto de relés de proteção que utilizam esses componentes para produzir as respostas requeridas. Relés estáticos são extremamente rápidos em sua operação porque não têm partes móveis, tendo, assim, tempos de resposta tão baixos correspondentes a um quarto de ciclo. Os circuitos são projetados para prover as várias funções de deteção de nível, medida de ângulo de fase, amplificação, temporização e outras. Tais circuitos reagem instantaneamente aos impulsos de entrada de corrente e/ou tensão, de modo a fornecer apropriadas saídas para as características requeridas.

Tais relés estáticos apresentam as seguintes vantagens básicas, em relação aos relés eletromecânicos já apresentados:

a) alta velocidade de operação independentemente da magnitude e localização da falta;

b) carga (*burden*) consideravelmente menor, para os transformadores de instrumento;

c) menor manutenção, pela ausência de partes móveis, etc.

Como todas as novidades, a resistência inicial dos engenheiros das companhias em aceitar os relés estáticos, especialmente aqueles usando transistores, estimulou a aplicação de grande engenhosidade no projeto de supersensíveis relés eletromagnéticos com alta estabilidade mecânica e componentes encapsulados que, teoricamente, eliminavam a necessidade de amplificação por transistores e de manutenção. Surgiram, assim, não só melhores relés eletromagnéticos, como também os chamados relés semi-estáticos, objeto de nossa análise inicial, já que continuam prestando bons serviços em razoável escala de emprego, além de serem de mais fácil compreensão para um estudo inicial.

8.2 Relés semi-estáticos

Foram os precursores dos relés estáticos, existindo ainda muitos em uso. Diferem dos estáticos por utilizarem como elemento de disparo um sensibilís-

Relés semi-estáticos e estáticos

simo relé de bobina móvel, ao passo que naqueles pode ser usado um sistema de retificador controlado de silício (SCR), por exemplo.

Por motivos didáticos vamos apresentar um tipo comum, constante só de duas pontes retificadoras e um relé de bobina móvel (sensibilidade para 10^{-6} W), conforme a Fig. 8.1, e a partir do qual podem ser compreendidos tipos mais complexos.

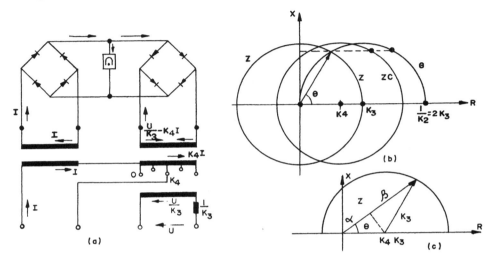

FIGURA 8.1 Relé semi-estático, princípio de atuação

Escolhendo-se convenientemente o tape no enrolamento intermediário do TC, podem-se obter três características diferentes:

a) relé de impedância (Z), se $K_4 = 0$ $\left| \dfrac{U}{K_3} \right| \leq I$;

b) relé de condutância (G), se $K_4 = 1$ $\left| \dfrac{U}{K_3} - I \right| \leq I$;

c) relé de impedância combinada (ZC), se $K_4 = K_4$ $\left| \dfrac{U}{K_3} - K_4 1 \right| \leq 1.$

Faremos a dedução para o chamado relé de impedância combinada, deixando os dois outros casos como exercício.

8.2.1 RELÉ DE IMPEDÂNCIA COMBINADA OU OHM DESLOCADO

Observando a Fig. 8.1(b), verifica-se que enquanto o relé de impedância (Z) tem centro na origem, o relé de condutância (G) tem seu centro (K_3) deslocado, da origem, de um comprimento igual ao raio. Já sabemos que tal deslocamento propicia excelente cobertura para faltas com arco voltaico; no entanto, limita

88 *Introdução à proteção dos sistemas elétricos*

o emprego a linhas com ângulo θ de até $60°$. Então, uma solução intermediária é a característica denominada *ohm deslocado* ou *impedância combinada* (ZC). Destaquemos a Fig. 8.1(c) para análise. Suponhamos que o deslocamento do círculo tenha sido tal que a distância do centro à origem seja $(K_4 \cdot K_3)$, sendo $0 < K_4 < 1$.

Verifica-se que o vetor $Z = (\alpha + \beta)$, donde o nome de impedância combinada. Também, a condição genérica para o relé operar é que o vetor Z tenha sua extremidade dentro do círculo; ou seja, na seguinte condição:

$$Z \leqslant (\alpha + \beta).$$

Resta, pois, expressar α e β, convenientemente, a partir do triângulo indicado, onde

e

$$\alpha = K_4 K_3 \cdot \cos \theta$$
$$\beta = \sqrt{K_3^2 - (K_4 K_3 \cdot \operatorname{sen} \theta)^2},$$

ou seja, a condição de operação torna-se

ou

$$Z \leqslant K_4 K_3 \cdot \cos \theta + \sqrt{K_3^2 - (K_4 K_3 \cdot \operatorname{sen} \theta)^2},$$
$$Z - K_4 K_3 \cdot \cos \theta \leqslant \sqrt{K_3^2 - (K_4 K_3 \cdot \operatorname{sen} \theta)^2}.$$

Elevando ao quadrado ambos os membros da desigualdade, vem

$$\left[Z^2 - 2Z \cdot K_4 K_3 \cdot \cos \theta + (K_4 K_3 \cos \theta)^2 \right] \leqslant \left[K_3^2 - (K_4 K_3 \cdot \operatorname{sen} \theta)^2 \right]$$
$$\frac{U^2}{I^2} - 2 \frac{U}{I} \cdot K_4 K_3 \cdot \cos \theta \leqslant K_3^2 - (K_4 K_3)^2 (\operatorname{sen}^2 \theta + \cos^2 \theta).$$

Multiplicando por $(1/K_3)^2$, vem

$$\frac{U^2}{K_3^2} - 2 \frac{U}{K_3} \cdot K_4 \cdot I \cos \theta + (K_4 I)^2 \leqslant I^2$$
$$\left| \frac{U}{K_3} - K_4 I \right|^2 \leqslant I^2,$$

que é a equação do relé, colocada na Fig. 8.1(a), usando-se o tape K_4 e aplicando-se a tensão U sobre um resistor de valor $1/K_3$. Como resultado as pontes fazem a comparação dos dois membros, e quando o conjugado proporcionado por I for maior que o proporcionado pela restrição $(U/K_3 - K_4 I)$, uma corrente de desequilíbrio percorrerá o relé de bobina móvel, denotando defeito, e o disjuntor do trecho de linha correspondente será operado.

8.2.2 RELÉ DIRECIONAL

De modo semelhante, a Fig. 8.2 mostra a ponte de medida utilizada para obtenção da característica direcional, empregando relé semi-estático.

Constata-se que, se

$$|KU + I| > |KU - I|,$$

Relés semi-estáticos e estáticos

o relé opera. De fato, façamos $KU = e$ e $I = i$. Resulta, no limite,
$$|e + i| = |e - i|.$$

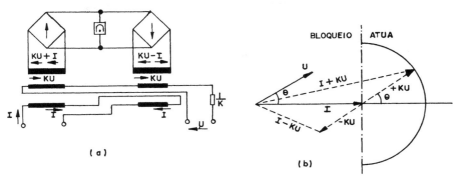

FIGURA 8.2 Aplicação de relés semi-estáticos como unidade direcional

Resolvendo essa equação vetorial, vem
$$e^2 + 2ei \cdot \cos \theta + e^2 = e^2 - 2ei \cos \theta + i^2$$
ou
$$4ei \cdot \cos \theta = 0,$$
que é a expressão conhecida de um relé wattimétrico, medidor de potência, sabidamente direcional.

A Fig. 8.2 também mostra o diagrama vetorial, para circuito indutivo, mostrando a condição de bloqueio ou operação, para diversos valores de θ (dando $\cos \theta$ maior ou menor que zero, ou seja, positivo ou negativo) e KU, caindo o vetor $(I \pm KU)$ na zona de bloqueio ou atuação do relé.

8.3 Relés estáticos

Os relés estáticos consistem em circuitos transistorizados que desempenham funções lógicas e de temporização.

As funções lógicas que são usadas nas unidades de medida (tipos distância, direcional e detetor de falta) são as funções E (AND) e OU (OR), basicamente, como são representadas na Fig. 8.3.

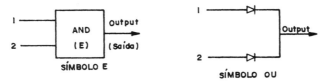

FIGURA 8.3 Simbologia de blocos lógicos

Como sabemos, a função E produz uma saída se um sinal está presente em 1, e também em 2. Ou seja, se ambas as entradas 1 e 2 não estão presentes,

nenhuma saída ocorre. Já a função OU gera uma saída sempre que um sinal pelo menos, apareça na entrada 1 ou 2.
Um exemplo de função de temporização é mostrada na Fig. 8.4.

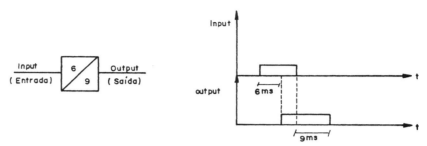

FIGURA 8.4 Simbologia de relés estáticos

O número superior (6) é o tempo de picape temporizado, expresso em milissegundos; o número inferior (9) é o tempo de recomposição, também em ms. A Fig. 8.4 mostra que, se uma entrada de 6 ms ou mais, se apresenta ao relé, ocorrerá uma saída; além disso, mesmo após removido o sinal de entrada, o sinal de saída permanece durante 9 ms. Se o sinal de entrada tem duração inferior a 6 ms, nenhum sinal de saída ocorrerá.

8.3.1 RELÉ DE SOBRECORRENTE ESTÁTICO

Consta, basicamente, de certo número de "módulos" em circuitos independentes, denominados (Fig. 8.5, sistema Siemens)

módulo básico ou conversor de entrada (uma ou mais fases),
módulo de ajuste de corrente (detetor de nível),
módulo de ajuste de tempo,
módulo de sinalização e comando,
módulo de alimentação.

Esse sistema modular favorece a redução dos estoques; ao invés de um relé sobressalente, basta que haja os módulos intercambiáveis. Favorece igualmente a montagem (simplificação da fiação) e as poucas manutenções ainda necessárias, além de compactar o tamanho dos armários.

a) Módulo ou conversor de entrada – faz a adaptação das correntes vindas dos TC do circuito principal, em geral transformando-as em tensões, através de um resistor, após convenientemente retificadas (diodos em ponte dupla e filtros diversos).

b) Módulo de ajuste da corrente – ou detetor de nível – constituído por transistores (função de amplificadores de potência), e uma tensão de referência criada em uma ponte de resistores ajustáveis. Enquanto a corrente for inferior ao nível ajustado, não há condução; se a corrente aumenta, é ultrapassada a tensão de referência (diodos tipo zener) e iniciada a condução.

Relés semi-estáticos e estáticos

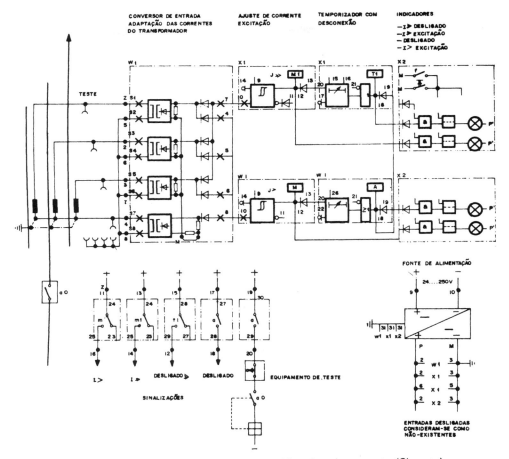

FIGURA 8.5 Esquema básico de relé estático de sobrecorrente (Siemens)

c) Módulo de ajuste de tempo — consta, por exemplo, de resistores variáveis que modificam o tempo de carga de capacitores, portanto, do valor da temporização desejada, até que, sendo ultrapassado o valor de tensão de referência, é acionado um transistor de saída correspondente.

d) Módulo de sinalização e comando — conforme desejado, no qual diversos sinais de alarme e disparo do disjuntor podem ser obtidos, após a passagem por circuitos de amplificação convenientes.

e) Módulo de alimentação — utiliza o sistema de corrente contínua convencional do local da instalação (24-250 V), sendo que a tensão estabilizada do sistema para a proteção estática (+24 V; em geral), é obtida seja por conversores internos ou por divisores de tensão e diodos zener.

O ajuste, por sistema de pinos ou botões, é bastante simples e semelhante aos relés convencionais já conhecidos.

8.3.2 RELÉS DE DISTÂNCIA ESTÁTICOS

Todos os tipos de características (ohm, mho, reatância, etc.) são obtidos medindo-se o ângulo de fase entre duas tensões.

Essas tensões são derivadas das tensões e correntes fornecidas aos relés, por meio de transformadores de corrente e tensão, sendo que no interior do relé as correntes são transformadas em tensão por meio de *transactors* (transformador com núcleo de ar e que produz uma tensão secundária proporcional à corrente primária).

A relação entre essa tensão secundária e a corrente primária denomina-se a impedância própria do *transactor* (Z_T), e estabelece o alcance da característica mho, por exemplo.

Embora as características dos relés de distância sejam usualmente representadas em um diagrama R-X, como agora elas serão obtidas a partir do ângulo entre duas tensões, é conveniente locá-las em um diagrama de tensão, para mostrar melhor suas origens. Tal diagrama de tensões é obtido a partir do diagrama R-X, pela multiplicação de cada ponto deste (Z), pela corrente suprida ao relé. Se bem que a corrente de falta varie com as condições do sistema e localização do defeito, fazendo o diagrama de tensões contrair-se ou expandir-se, os fasores de tensão manterão as relativas posições de fase e magnitude do original diagrama R-X.

Por exemplo, consideremos uma linha de transmissão protegida por um relé mho (Fig. 8.6). Seja Z_T o alcance básico ou ajustado do relé mho, V e I a

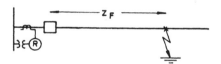

FIGURA 8.6 Linha a ser protegida

tensão e a corrente aplicadas ao relé. Se ocorre uma falta, o relé deve medir Z_F, que é o valor da impedância entre o relé e o defeito. Para falta entre fases, a tensão V suprida ao relé é igual à corrente I, também suprida ao relé, vezes a impedância Z_F até a falta; ou seja,

$$V = I \cdot Z_F. \tag{8.1}$$

Ora, a corrente I suprida ao relé é transformada em uma tensão V_T pela impedância Z_T do *transactor*, tal que

$$V_T = I \cdot Z_T. \tag{8.2}$$

Como, pois, V e V_T estão relacionados a Z_F e Z_T pela mesma corrente I, os fasores-tensão terão o mesmo relacionamento relativo que os vetores-impedância. Por isso, qualquer característica locada no diagrama R-X tem a mesma declividade que se fosse locada no diagrama de tensões (Fig. 8.7). As tensões supridas ao relé são V_S e V_L, correspondente a diferentes condições de geração ($S < L$).

Relés semi-estáticos e estáticos

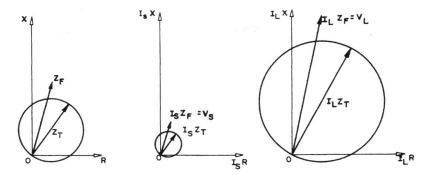

FIGURA 8.7   Características do relé de distância, tipo mho

8.3.2.1 Unidade mho

A título de exemplificação, vamos examinar a unidade mho, locada como um círculo passando pela origem no diagrama de tensões. O diâmetro do círculo é determinado por dois ajustes: do tape básico e do tape percentual (T) da tensão de restrição. O tape básico corresponde aos tapes ou derivações secundárias do *transactor* e define sua impedância própria (Z_T). Se o tape percentual (T) é ajustado em 100, então o diâmetro do círculo dependerá unicamente da impedância própria do *transactor*; se o tape percentual é ajustado para menos que 100, o alcance da característica será maior que a impedância própria (Z_T).

Vamos supor, inicialmente, que o tape percentual seja ajustado em 100. Se V é a tensão suprida ao relé sob condição de defeito, então a posição de V será locada sobre a direção do ângulo de impedância da falta; a magnitude de V depende da localização da falta, terminando sobre ou dentro da característica, para falta interna, ou fora, para falta externa ao trecho ajustado [Fig. 8.8(a)].

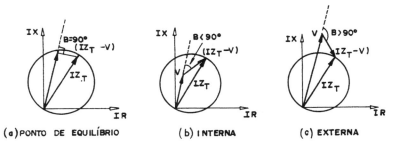

(a) PONTO DE EQUILÍBRIO   (b) INTERNA   (c) EXTERNA

FIGURA 8.8   Unidade mho: operação

A Fig. 8.8(a) mostra o ponto de equilíbrio da característica mho, onde o fasor de tensão termina sobre a característica. Resulta $B = 90°$ entre V e $(IZ_T - V)$.

Se a falta é movida para mais perto do relé, V decresce em relação a IZ_T [Fig. 8.8(b)], resultando $B < 90°$. Se a falta é externa, resulta $B > 90°$ [Fig. 8.8(c)].

Assim, sempre que $B \leqslant 90°$, sendo B o ângulo entre V e $(IZ_T - V)$, a unidade mho operará.

A unidade mho determina se o ângulo B é menor que 90° medindo a coincidência dos fasores de tensão. Por exemplo (Fig. 8.9), consideremos dois conjuntos de ondas de tensão. Para qualquer falta interna, o ângulo B terá um valor na faixa de

$$|B| < 90°. \tag{8.3}$$

A Fig. 8.9(a) mostra as formas de onda das tensões para $B = 0$; como elas estão em fase, coincidem a cada meio ciclo. À medida que B cresce, a coincidência torna-se menor, até que para $B = 90°$ a coincidência se verifica só durante 1/4 de ciclo. Se a falta é externa, a coincidência se dá em menos de 1/4 de ciclo; e como 1/4 de Hz é igual a 4,167 ms na base de 60 Hz, a unidade mho operará sempre que haja coincidência maior que 4,167 ms.

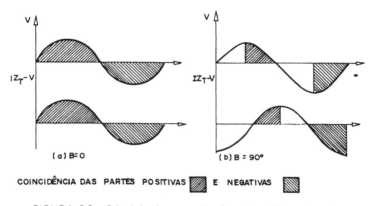

FIGURA 8.9 Princípio de operação do relé estático, tipo mho

A unidade mho executa as medidas considerando primeiramente as tensões de entrada senoidais em um baixo nível, tal que as formas de onda se assemelhem a ondas quadradas, e tal que suas partes positivas e negativas sejam separadas e aplicadas a diferentes blocos de funções E (AND), conforme a Fig. 8.10. Nesta figura V^+ e $(IZ_T - V)^+$ são as partes positivas da onda quadrada e V^- e $(IZ_T - V)^-$ as correspondentes partes negativas. As saídas das funções E são aplicadas a temporizadores cujo picape é ajustado para 4,167 ms; seus retardos de recomposição (*reset delay*) são de 9 ms e suas saídas são conectadas como uma função OU (OR). O retardo de recomposição garante que a saída da função OU seja contínua para qualquer falta interna.

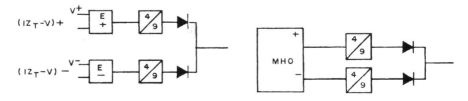

FIGURA 8.10 Lógica do relé mho, tipo estático

Relés semi-estáticos e estáticos

A Fig. 8.11 mostra três diferentes exemplos de ondas quadradas que podem estar presentes na entrada de funções E; cada conjunto define uma diferente condição de defeito. Assim, a Fig. 8.11(a) define o ponto de equilíbrio da característica mho onde $B = 90°$. Quando essas formas de onda são aplicadas aos blocos lógicos mostrados, ocorre que os blocos positivos são comparados por E^+ e, após coincidência de 4,167 ms, os associados temporizadores provocam uma saída; ao mesmo tempo, o bloco V^+ se anula e a entrada para o temporizador é removida, mas a saída do temporizador prolonga-se ainda por 9 ms, tempo este requerido para permitir o picape de outro temporizador, se a falta persiste (notar que este outro temporizador atua no fim do próximo meio ciclo, tempo em que os blocos negativos são coincidentes por 4,17 ms). Assim, as entradas para a função OU superpõem-se, ligeiramente, resultando em uma saída contínua.

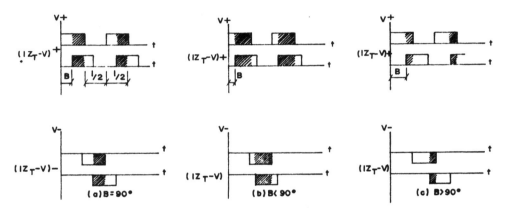

FIGURA 8.11 Método bloco-bloco do relé estático, tipo mho

Na Fig. 8.11(b) é mostrada a coincidência das formas de onda que representam uma falta interna. Como a coincidência é maior que 4,167 ms, os temporizadores atuarão e a função OU produzirá uma saída. Para uma falta externa, a coincidência das formas de onda será menor que 4,167 ms [Fig. 8.11(c)] insuficiente, portanto, para atuar os temporizadores e ter-se saída na função OU.

Há duas outras características que podem ser obtidas a partir da unidade mho, simplesmente variando-se o ajuste de picape ou de atuação dos temporizadores; são as características denominadas na literatura General Electric de *Lente* e *Tomate*, mostradas na Fig. 8.12. Por exemplo, se a temporização é de 5,556 ms, tem-se uma "lente" com $C = 120°$; e se a temporização for de 2,778 ms tem-se um "tomate" com $C = 60°$, etc.

O tempo de operação da unidade mho depende do instante da ocorrência da falta, ou seja, do ângulo da onda de tensão naquele momento. Estatisticamente, o máximo tempo de operação ocorre para faltas no ponto de equilíbrio ou de ajuste (Fig. 8.13), e o mínimo tempo para quando V e $(IZ_T - V)$ estão em fase (Fig. 8.14); ou seja, esses tempos máximo e mínimo são de 12,5 ms e 4,167 ms

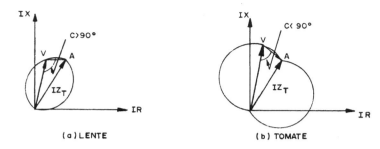

FIGURA 8.12 Variantes do relé mho

para o equipamento em consideração (General Electric), para o chamado *método bloco-bloco*. Se for usado o *método pico-bloco*, em que uma onda é do tipo quadrada e a outra reduzida a um pico, esses tempos são 8,33 e 0 ms, respectivamente (mais rápido, portanto, mas só usado em esquemas de bloqueio e não de desligamento, por ser menos seguro que o primeiro).

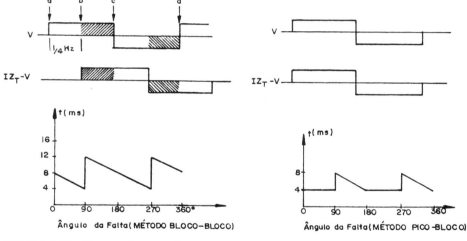

FIGURA 8.13 Tempos de operação no método bloco-bloco

FIGURA 8.14 Tempos de operação no método pico-bloco

Chamando ϕ o ângulo de máximo alcance e θ o ângulo da impedância de falta Z_F, a característica mho fica definida pela equação:

$$\frac{100 Z_T}{T} \geqslant \frac{Z_F}{\cos(\theta - \phi)}. \qquad (8.4)$$

O membro esquerdo da equação define o alcance da característica, e é função da impedância própria do *transactor* (Z_T) e do tape percentual (T) da tensão de restrição. Nota-se que decrescendo T, aumenta o alcance; ou seja, se T é ajustado em 50%, duplica-se o alcance do relé.

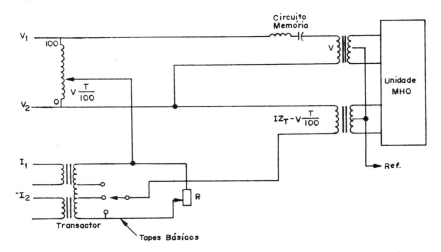

FIGURA 8.15 Diagrama simplificado do relé estático da General Electric

A Fig. 8.15 é um diagrama simplificado ilustrando o circuito magnético envolvido na obtenção da característica mho (para um caso de unidade de desligamento em esquema de comparação direcional do tipo permissivo). Para uma unidade entre fases 1-2, aplica-se tensão V_{12} e corrente $(I_1 - I_2)$ através de um circuito memória (caso ocorra falta sob tensão nula). A corrente é transformada em tensão no *transactor* (tem tapes básicos no secundário). O ajuste do alcance da unidade é determinado tanto pelo ajuste do tape básico (Z_T) como pelo tape percentual (T) de restrição. O resistor R é ajustado para que o tape básico tenha seu valor de impedância sob dado ângulo de fase ϕ (aumentando o valor de R, aumenta-se o valor de ϕ).

8.3.2.2 Outras unidades

De modo semelhante são obtidos outros tipos de unidades: reatância, direcional, detetores de nível (como os relés instantâneos de sobrecorrente) etc. Em cada caso, uma simbologia especial indicada pelos fabricantes é empregada nos diagramas lógicos. Isso torna quase impossível uma tentativa de generalização, para fins didáticos, pelo que julgamos suficiente, no momento, as informações precedentes. A bibliografia especializada deve ser consultada para obtenção de maiores detalhes, quando necessário.

CAPÍTULO 9

PANORAMA GERAL DA PROTEÇÃO DE UM SISTEMA

9.1 Introdução

No momento crítico de um defeito, a continuidade da distribuição de energia depende muito do correto funcionamento dos dispositivos de proteção existentes. Têm sido fabricados, no correr dos tempos, um grande número de relés e de esquemas de proteção destinados às partes e equipamentos das instalações elétricas, quase esgotando novas ou melhores possibilidades.

Entre as proteções mais usuais encontramos nos sistemas de potência, as dos geradores ou alternadores, dos transformadores, dos barramentos e as das linhas.

Antes que se faça um estudo detalhado dessas e de outras proteções, faremos um esboço geral das mesmas, buscando principalmente mostrar linhas de raciocínio usuais na área.

9.2 Proteção de geradores

Os dispositivos de proteção usuais podem ser classificados em duas categorias principais e que compreendem:

a) medidas preventivas e dispositivos de proteção contra os defeitos exteriores ao gerador;

b) proteção contra os defeitos internos dos mesmos.

Ao lado de alguns outros dispositivos não constituídos por meio de relés, tais como os pára-raios, indicadores de circulação de óleo, termostatos, etc., os seguintes elementos fazem parte do primeiro grupo:

1) relés térmicos, contra as sobrecargas;

2) relés temporizados, a máximo de corrente, contra os curto-circuitos;

3) relés a máximo de tensão, contra as elevações de tensão devidas às manobras normais no sistema;

4) relés sensíveis a corrente de seqüência negativa, para proteção contra funcionamento sob carga assimétrica, ou desequilibrada;

Panorama geral da proteção de um sistema

5) relés de potência inversa, para impedir o funcionamento do gerador como motor, etc.

Já a proteção contra os defeitos internos compreende, basicamente, os dispositivos seguintes:

1) proteção diferencial, contra os curto-circuitos entre elementos de enrolamentos de fases diferentes;
2) proteção contra os defeitos à massa, do estator;
3) proteção contra os defeitos à massa, do rotor;
4) proteção contra os curto-circuitos entre espiras da mesma fase;
5) proteção contra a abertura acidental ou não dos circuitos de excitação; etc.

Além disso, há ainda que se considerar outros dispositivos que, não sendo relés, estão intimamente ligados à proteção do gerador: os dispositivos de rápida desexcitação, que evitam uma destruição maior dos enrolamentos devido à tensão própria, e a proteção contra incêndio, que atua na extinção do fogo iniciado devido aos arcos voltaicos dos defeitos.

9.3 Proteção de transformadores

Deve-se considerar basicamente as proteções contra as sobrecargas e os curto-circuitos.

Na proteção contra os curto-circuitos encontram-se:

a) para os grandes transformadores, desempenhando papel importante na continuidade do serviço,

i) a proteção diferencial;
ii) a proteção Buchholz;

b) para as pequenas unidades (menores que 1 000 kVA), e para os transformadores de média potência em sistemas radiais,

i) relés de sobrecorrente temporizados;
ii) fusíveis.

Na proteção contra as sobrecargas, usam-se:

a) imagens térmicas;
b) relés térmicos.

Embora a construção dos transformadores tenha atingido nível técnico bastante elevado, devem-se considerar duas causas principais de defeito nos seus isolamentos, e resultantes de:

a) sobretensões de origem atmosférica;
b) aquecimento inadmissível dos enrolamentos devido a sobrecargas permanentes, ou temporárias repetitivas, mas que, mesmo sendo toleráveis na exploração do sistema, conduzem ao envelhecimento prematuro do isolante

100 Introdução à proteção dos sistemas elétricos

dos enrolamentos e, finalmente, aos curto-circuitos entre espiras ou mesmo entre fases.

9.4 Proteção dos barramentos

A proteção seletiva dos jogos de barras adquire grande importância nas redes equipadas com sistemas de proteção, tais como a diferencial e por fio-piloto, e que em caso de defeito não podem agir senão sobre trechos de linhas bem delimitados. Nesse caso, a deteção de defeito nas barras, se não fosse específica, ficaria a cargo da proteção de reserva, em geral insuficientemente seletiva. Tal inconveniente seria menor se a rede estivesse protegida por meio de relés de distância, caso em que a barra poderia ser protegida pela segunda zona do relé, uma razoável solução em muitos casos.

De um modo geral, contudo, a importância de uma rápida proteção de barras é considerável, pois que freqüentemente produzem-se grandes concentrações de energia nesses locais o que conduz, em caso de defeito, a grandes prejuízos materiais e a sérias perturbações à exploração do sistema elétrico.

Diversos fatores dificultam a generalização do emprego da proteção dos jogos de barras:

a) a existência de segurança de serviço e seletividade absolutas, já que os desligamentos intempestivos podem ter repercussões desagradáveis sobre a distribuição da energia e sobre as interconexões;

b) no caso de barras múltiplas, e/ou secionadas, a comutação a ser feita automaticamente nos circuitos dos auxiliares, em caso de defeito numa seção, torna-se complexa, já que se exige para cada forma de acoplamento a manutenção da seletividade.

Assim, a estrutura da proteção depende das particularidades de cada caso. Basicamente há, entre outras, as seguintes possibilidades:

a) colocação de relés temporizados tipo mínimo de impedância, nas linhas de alimentação da barra;

b) uso de relés de sobrecorrente, em conexão diferencial, ou relés diferenciais compensados, vendo-se a diferença entre as correntes que entram e saem da barra.

9.5 Proteção das linhas

Os mais importantes defeitos nas linhas são devidos aos curto-circuitos, mas a sobrecarga também precisa ser considerada.

Se bem que nas redes de muita alta-tensão se deva obter a máxima rapidez de desligamento por motivos de manutenção da estabilidade, pode-se admitir, por vezes, em redes menos sensíveis, tempos de desligamento atingindo até alguns segundos. Sabemos que os equipamentos de proteção são tanto mais simples quanto menor a exigência de alta velocidade no desligamento, e a sim-

Panorama geral da proteção de um sistema **101**

plicidade é sempre um objetivo a ser procurado na proteção. São usuais os recursos a seguir indicados.

a) Proteção temporizada, com relés de sobrecorrente tempo definido, nos casos de redes radiais, ou nas redes em anel quando o disjuntor de acoplamento se abre instantaneamente, em caso de curto-circuito, tornando a rede radial. Esta é uma técnica tipicamente européia.

b) Proteção temporizada, com relés de sobrecorrente de tempo inverso, nos casos de média tensão, onde a corrente de curto-circuito for largamente superior à corrente nominal do relé, permitindo a coordenação dos tempos de desligamento dos disjuntores sucessivos a partir do mais próximo ao defeito. Podem ter ainda um dispositivo de desligamento instantâneo, a máximo de corrente, particularmente útil em redes contendo cabos que não admitem senão uma carga limitada. Esta é uma técnica predominantemente americana.

c) Proteção direcional de sobrecorrente temporizada, usada nas redes de até 20 kV, com alimentação unilateral, mas tendo linhas paralelas fechando-se sobre barramentos comuns, ou no caso de linhas únicas, mas com alimentação bilateral.

d) Proteção com relés de distância, para as redes de altas e muito altas-tensões, bem como redes de média-tensão em malha e com alimentação multilateral. É o padrão de proteção usado ultimamente.

e) Proteção diferencial longitudinal, por fio-piloto, usada nas linhas aéreas e em cabos de média e alta-tensão, tendo até cerca de 10 km de comprimento, e nos quais são eventualmente inseridos transformadores. Para linhas curtas, de algumas centenas de metros, usa-se a proteção diferencial comum, semelhante à dos transformadores.

f) Proteção diferencial transversal, empregada como proteção seletiva para os cabos e linhas aéreas paralelas, e baseada na diferença entre as correntes circulantes em cada linha, em caso de defeito. Já que ela exige também relés direcionais e outros órgãos suplementares, só será usada quando não for razoável a proteção longitudinal ou a de distância.

g) Proteção contra os defeitos à terra, usada nas linhas aéreas e cabos onde, em geral, o incidente mais freqüente é o defeito monofásico. Dependendo da forma de ligação à terra, pode aparecer tanto corrente ativa, da ordem da nominal ou menor, como correntes capacitivas (rede com neutro isolado) também de baixo valor. Tanto relés simplesmente indicadores do defeito, quanto eliminadores, precisam ser utilizados, havendo esquemas clássicos.

A proteção contra sobrecarga deve permitir a máxima utilização da linha, sem que o aquecimento resultante a danifique. Assim, quando a temperatura máxima admissível for atingida será dado um sinal para que sejam tomadas medidas, evitando-se o desligamento propriamente dito. Para isso são usados relés térmicos diversos, tendo constante de tempo igual ou inferior àquela do cabo a proteger.

Uma última observação diz respeito ao religamento automático, muito útil na presença de defeitos tipo auto-extintores, (cerca de 80% dos casos). O religamento rápido é feito após alguns décimos de segundo, uma única vez, e aplicável somente a linhas aéreas, nunca aos cabos. Em redes de alta e muito alta-tensão é usado o religamento monopolar, freqüentemente, mas o religamento tripolar é preferido nas linhas muito longas (algumas centenas de quilômetros) e tensões muito elevadas, devido à dificuldade de extinção do arco residual realimentado pelo efeito capacitivo entre fases. Nas redes aéreas de média-tensão, com maior incidência de defeito, e já que elas costumam ter neutro isolado ou aterrado por meio de resistência de grande valor ôhmico, só o religamento automático tripolar é indicado.

9.6 Síntese dos tipos correntes de proteção de linhas

A crescente complexidade dos sistemas deu origem aos vários tipos de proteção hoje existentes. É possível reconstituir a seqüência, partindo-se do simples para o complexo, ao mesmo tempo envolvendo perguntas que são habituais na linguagem do engenheiro de proteção, e que o auxiliam na análise de cada caso real. Vamos exemplificar essa forma de raciocínio, para linhas.

9.6.1 Seja, pois, o sistema representado pelo esquema simplificado da Fig. 9.1; pergunta-se: no caso de uma falta no ponto F da linha de transmissão, que característica deveria ter o relé de proteção localizado no ponto 1?

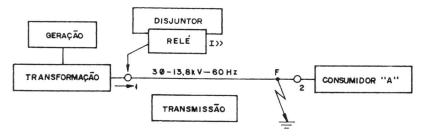

FIGURA 9.1 Sistema radial, um consumidor

Ora, neste caso o subsistema de transmissão oferece apenas possibilidade de fornecer energia ao consumidor A, através de um circuito singelo 1-2. Conseqüentemente, no caso da falta em F, basta que seja desligado o disjuntor da linha em 1; ou seja, é suficiente um relé de sobrecorrente ($I \gg$) no início da linha e atuando o disjuntor, caso seja ultrapassado seu valor de regulagem ($I_r > I_n$).

Resolvida esta questão, no entanto, outras complementares surgiriam:

Como estabelecer a ligação entre o relé e a linha de alta-tensão? Direta ou através de transformadores de medida?

Em quantas fases devem ser colocados os relés?

A proteção sofreria alteração com o tipo da falta?

Se falhar a atuação do relé 1, quem deve suprir a deficiência? De que maneira e em que tempo?

Panorama geral da proteção de um sistema

Pode ocorrer que a corrente de defeito seja inferior à nominal do sistema? Como resolver um tal caso?
Como fazer a ligação relé-disjuntor?
Como especificar corretamente cada componente?

Constata-se, imediatamente, que a proteção envolve sempre: não só o relé, a fiação de interconexão, os transformadores de corrente, o disjuntor com seu disparador, etc., como também o próprio sistema em que está aplicada. É, pois, um problema complexo, mesmo nos casos de configurações simples como esta primeira analisada.

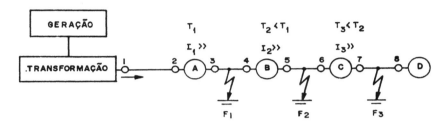

FIGURA 9.2 Sistema radial, diversos consumidores

9.6.2 Seja o segundo esquema conforme a Fig. 9.2; havendo vários consumidores A, B, C, D, servidos pela mesma fonte de alimentação unilateral, como realizar a proteção para as várias hipóteses de defeitos indicados seja em F_1, F_2 ou em F_3?

Surge de imediato, a idéia de colocar também uma proteção de sobrecorrente ($I \gg$) no início de cada trecho de linha ajustando-as para as respectivas correntes de defeito vistas pelos relés. A dúvida, no entanto, é: se ocorre a falta F_3, todos os consumidores serão desligados e não apenas o consumidor D. Ou seja, não haveria *seletividade* nessa solução. Um modo de complementar a solução seria introduzir *tempos de operação* crescentes de C para A. Conclusão: agora o sistema de proteção será dependente de duas variáveis — corrente e tempo.

Uma pergunta adicional seria que tipo de temporizador utilizar e como conjugar esse elemento com o relé? Ou, ainda, esses tempos são de valor "definido", ou poderiam ser dependentes do valor da corrente?

Então, neste segundo esquema, ou seja, para um sistema com alimentação unilateral e diversos consumidores, a proteção seletiva é obtida com relés combinando valores de corrente e tempo de operação. Além disso, surge um fato novo com a temporização sucessiva: é a noção de "proteção de retaguarda", ou de segunda linha. De fato, se ocorre a falta F_3 e o relé em 7 não opera no tempo T_3, cabe ao relé em 5 operar no tempo T_2. É evidente, no entanto, que com a operação da proteção de retaguarda o defeito persiste por mais tempo, ocasionando danos mais graves e, ao mesmo tempo, os consumidores C e D seriam desligados, o que, contudo, no momento, é o mal menor!

Perguntas complementares, semelhantes às do caso anterior, precisariam ser respondidas igualmente, do mesmo modo que nos casos que se seguem.

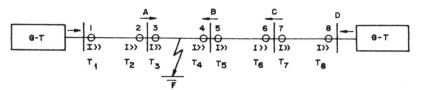

FIGURA 9.3 Sistema com dupla geração, vários consumidores

9.6.3 Seja agora o esquema da Fig. 9.3; considerando que o sistema tem alimentação bilateral, como fazer a proteção seletiva para uma falta F?

Uma solução intuitiva seria considerar cada fonte alimentando em um sentido, de extremo a extremo, e colocar nos diversos consumidores A, B, C e D relés de sobrecorrente $(I\gg)$ e respectivos temporizadores (T). O problema, porém, é que para a falta F, no trecho 3-4, deveríamos ter $T_3 < T_2$ e $T_4 < T_5$, por motivos de seletividade. No entanto, se a falta fosse registrada no trecho 1-2 ou 5-6, deveríamos ter $T_2 < T_3$ ou $T_5 < T_4$, respectivamente. Há, pois, um impasse: às vezes $T_2 < T_3$, outras vezes $T_3 < T_2$, o que é inviável de realizar-se na prática.

É, pois, necessário fazer-se uma discriminação do sentido da alimentação; ou seja: o relé deverá decidir se deve operar ou não, analisando não só o valor da sobrecorrente $(I\gg)$ e o tempo (T), como também a direção do fluxo de corrente.

A seletividade do sistema é conseguida agora fazendo-se conveniente calibração dos relés ímpares, alimentados pela fonte esquerda, e dos relés pares, alimentados pela direita, como se as duas fontes fossem independentes, e impondo a condição de que um relé ímpar, por exemplo, bloqueia sua atuação se a corrente alimentadora vem da direita. Em resumo, faz-se com que, em cada trecho, os relés de extremidade "olhem" para dentro somente, e se a falta aí se encontra, eles atuarão ou, na falha desses, os imediatamente próximos, em ação de retaguarda.

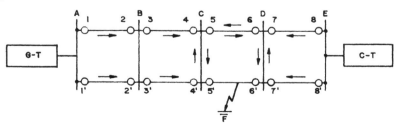

FIGURA 9.4 Sistema com dupla alimentação, duplo circuito de transmissão e diversos consumidores

9.6.4 Para finalizar nossas considerações, seja agora o esquema da Fig. 9.4; considerado o sistema com alimentação bilateral e circuito duplo de transmissão, como protegê-lo para uma falta do tipo F indicada, e inclusive se uma das fontes estiver fora de serviço?

Panorama geral da proteção de um sistema   **105**

Constata-se, de imediato, que a solução anterior não é mais conveniente: os fluxos de corrente assumem combinações diversas dependendo não só da localização e tipo da falta, como da condição de operação pré-falta. Assim, os trechos 5-6 e 5'-6' poderiam ser desligados para a falta F, sendo errado para o trecho 5-6!

Deve-se, pois, introduzir um novo parâmetro discriminador. Por exemplo, a possibilidade de determinado relé medir a distância entre sua localização e a falta, ao mesmo tempo combinando o valor da sobrecorrente e direção do fluxo da corrente e os tempos de atuação. Essa é a seletividade permissível, hoje, com os relés de distância dependentes, pois, da corrente ($I \gg$), do tempo (t), do sentido do fluxo ($\vec{N}$) e da distância do defeito ($D\Omega$).

Como tivemos oportunidade de discutir, em capítulos anteriores, todo esse ferramental está à disposição do engenheiro de proteção. Evidentemente, nesta análise que precede as aplicações, tivemos a intenção de abordar apenas os casos mais gerais e simples; um completo estudo de hipóteses de combinações de defeitos e esquemas de sistemas é algo impossível, nos limites de tempo e espaço disponíveis neste estudo. Como em outras especializações, também na proteção, caberá ao engenheiro "criar" soluções para cada caso particular, utilizando sua capacidade de observação e raciocínio, aliados a conhecimentos prévios e a persistente estudo.

3.ª PARTE
Aplicações dos relés aos elementos do sistema

CAPÍTULO 10

PROTEÇÃO DAS MÁQUINAS ROTATIVAS

10.1 Introdução

Nesta 3.ª parte são tratadas as aplicações de relés a cada um dos diversos elementos que compõem o sistema elétrico de potência.

Se bem que haja um bom entendimento entre os engenheiros de proteção sobre o que constitui a proteção necessária e como provê-la, há ainda muitas diferenças de opinião em certas áreas. Isso é uma característica intransponível, se considerarmos que há ainda muita Arte a par da Ciência que já se faz presente na área de proteção. Só o tempo fará com que cada engenheiro encontre a sua linha média de verdade. Assim, será nossa preocupação expor o que há de mais corrente e mais acorde, referido a cada parte do sistema. As possíveis divergências de opinião são discutidas em cursos mais avançados.

Neste capítulo será dada ênfase especial à proteção dos geradores síncronos de corrente alternada. A proteção de motores, de conversores e de outras máquinas rotativas será objeto de análise menos profunda aqui, mas objeto de um estudo especial em outra oportunidade.

10.2 Proteção de geradores

Estabelecemos inicialmente que, salvo especificação em contrário, estamos nos referindo a geradores síncronos de corrente alternada, e localizados em centrais geradoras com operadores.

Os geradores constituem as peças mais caras no equipamento de um sistema de potência, e são sujeitos a mais tipos de defeitos que qualquer outro equipamento. Assim, o desejo de protegê-los contra essas possíveis condições anormais, ao mesmo tempo mantendo a proteção simples e confiável, pode resultar em consideráveis divergências de opinião. Isso porque uma operação intempestiva pode ser, às vezes, tão grave quanto uma falha ou demora de atuação da proteção.

Para que se possa iniciar uma análise, vamos considerar uma média de opiniões, constituindo-se em verdadeiro receituário sobre os tipos razoáveis de proteção, em função somente da potência dos elementos. A Tab. 10.1 serve como base de partida. Os fabricantes oferecem sugestões semelhantes a essa em seus catálogos de produtos.

TABELA 10.1 · Indicações-base para proteção de geradores (critérios de potência e de tipo da turbina)

a) Proteção do gerador, em geral

Tipo de proteção indicada	Regime nominal MW			
	< 1	≥ 1	≥ 10	> 100
Diferencial	−	−	×	×
Terra restrita	−	−	×	×
Falta entre espiras do estator	−	−	−	×
Sobrecorrente com restrição por tensão	×	×	−	−
Sobrecarga	×	×	×	×
Sobretemperatura (detetor)	−	×	×	×
Corrente de seqüência negativa	−	−	×	×
Perda de carga	−	−	−	×
Antimotorização (perda de vapor)	×	×	×	−
Perda de campo	−	−	×	×
Perda de sincronismo	−	−	−	×
Sobrevelocidade (máquinas hidráulicas)	×	×	×	×
Sobretensão (idem)	×	×	×	×

b) Proteção do rotor e mancais

	< 1	≥ 1	≥ 10	> 100
Falta à terra	−	−	×	×
Perda de campo	−	−	×	×
Indicador de vibração	−	−	×	×
Temperatura do mancal	−	−	×	×
Isolamento do mancal	−	−	−	×

c) Proteção só atuando alarmes ou desligamento também

Condição anormal verificada, em função da máquina motriz	A vapor, refrigerada a		Hidráulica
	ar	H	
a) Alarme			
Baixo vácuo no condensador	×	×	−
Anormal pressão, temperatura ou densidade do H	−	×	−
Baixa pressão de óleo no mancal	×	×	×
Alta temperatura no enrolamento do transformador do bloco GT	×	×	×
Alta temperatura no mancal	−	−	×
Pressão de óleo do regulador	−	−	×
Falta de água de refrigeração	−	−	×
Alta temperatura do ar no estator	−	−	×
Falha de abertura de válvula	−	−	×
Relé Buchholz dos transformadores	×	×	×
Temperatura do óleo dos transformadores	×	×	×
Falha no regulador de tensão	×	×	×
Falta à terra do rotor	×	×	×
Falta de campo	×	×	×
Baixa tensão nas baterias	×	×	×
b) Desligamento			
Faltas no estator	×	×	×
Curto-circuito nos transformadores	×	×	×
Sobretensão e/ou sobrevelocidade	×	×	×

Proteção das máquinas rotativas

Em geral, a proteção do gerador é feita contra dois tipos de faltas:

a) falha de isolamento, conduzindo a curto-circuitos entre espiras, fase-fase, fase-terra ou trifásica;

b) condições anormais de funcionamento como perda de campo, carga desequilibrada do estator, sobrevelocidade, vibrações, sobrecarga, etc.

A falha de isolamento, conduzindo a curto-circuito, é devida normalmente seja a sobretensões, a sobreaquecimentos (corrente desequilibrada, ventilação deficiente, etc.), ou a movimentos do condutor (força do curto-circuito, perda de sincronismo, etc.).

Ainda mais, a proteção do gerador deve:

a) funcionar rápido para faltas internas, reduzindo os estragos (proporcionais a I^2t);

b) ser insensível às faltas externas à zona de proteção estabelecida;

c) limitar o valor da corrente de defeito para a terra;

d) assinalar condições anormais e mesmo eliminá-las quando se tornarem perigosas.

Finalmente, é preciso prover a proteção:

a) do gerador, propriamente dito;

b) da turbina ou máquina motriz;

c) do conjunto gerador-turbina;

d) dos auxiliares (fonte de corrente contínua, etc.).

10.3 Esquemático de uma proteção de gerador

Em centrais com operadores existem diferenças de opinião sobre o que seria uma proteção suficiente do gerador, principalmente no que se relaciona com as chamadas condições anormais. Como princípio, no entanto, é sempre desejável um mínimo de automatismos, pois:

a) quanto mais equipamento a manter, mais pobre e menos confiável será a manutenção;

b) equipamento automático pode operar intempestivamente;

c) um operador pode, às vezes, impedir ou evitar o desligamento de uma unidade geradora em horas embaraçosas.

Assim sendo, antes de entrar no detalhamento de cada uma das proteções, vamos mostrá-las em conjunto. Na proteção de um gerador, encontrar-se-á tipos para:

a) Estator

i) contra curto-circuitos, entre fases, entre espiras e à massa,

ii) retaguarda,

112   *Introdução à proteção dos sistemas elétricos*

  iii) contra sobreaquecimento,
  iv) contra circuito aberto;

b) Rotor

  i) contra curto-circuito no campo,
  ii) contra sobreaquecimento do rotor, devido à carga desequilibrada no estator;

c) Sobretensões;
d) Perda de excitação e/ou perda de sincronismo;
e) Superexcitação;
f) Vibrações;
g) Antimotorização;
h) Sobrevelocidade;
i) Subfreqüência, etc.

Na Fig. 10.1 é mostrada, esquematicamente, usando-se a simbologia ASA, a proteção típica de uma unidade-bloco gerador-transformador de grande porte (120 MW).

10.4 Proteção diferencial do estator contra curto-circuito

A proteção diferencial longitudinal é recomendada para máquinas acima de 1 MVA e obrigatória acima de 10 MVA. Não só a potência, como a função do gerador no esquema e seu custo, são fatores de decisão. Em máquinas inferiores a 10 MVA, é usual encontrar-se relés de sobrecorrente com restrição por tensão (relé n.º 51 V ASA).

A proteção diferencial atua na ocorrência de curto-circuito entre duas fases. No caso do neutro do gerador ser aterrado diretamente ou através de resistência de baixo valor, a proteção funciona igualmente para faltas à terra; no entanto, é prática geral prever dispositivo de proteção particular contra defeitos à terra, se a impedância de aterramento é grande, o que é mais usual.

Diversas conexões são possíveis, conforme o enrolamento do gerador seja em estrela ou em triângulo, tenha ou não as três pernas do neutro disponíveis, seja ligado ou não em bloco, etc. Como exemplo, citamos a Fig. 10.2. São usados relés diferenciais percentuais de alta velocidade (para diminuir o dano do arco sobre as lâminas do núcleo, de difícil reparação), alimentados por transformadores de corrente especificados, no mínimo, para 1,25 vezes a corrente nominal do gerador, e classe 10 H ou L 200 (ou 10 C 50, segundo ABNT). O ajuste da declividade do relé é usualmente para 10% (até 20%), e o valor inicial costuma ser ajustado para 5% do regime nominal do *TC* (ou seja, para 0,25 A para *TC* com secundário de 5 A). Transformadores auxiliares podem compensar a forma de acoplamento do transformador principal, na conexão em bloco, bem como eventuais diferenças nas relações de transformação dos *TC* disponíveis.

Proteção das máquinas rotativas

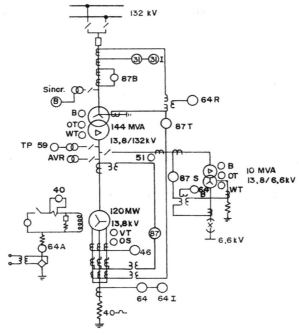

FIGURA 10.1 Proteção típica de um bloco turbogerador-transformador

   B Relé Buchholz
  OS Sobrevelocidade
  VT Vácuo na caldeira
  40 Relé falha no campo
  46 Relé seqüência negativa
  59 Relé sobretensão
  $64\,A$ Relé falta à terra no campo
  $64\,R$ Relé falta à terra restrito
  $87\,S$ Relé diferencial, trafo serviço
  $87\,I$ Relé diferencial bloco GT

  WT Temperatura do enrolamento
  OT Temperatura do óleo
  AVR Regulador de tensão
  51 Relé de sobrecorrente
  511 Idem, de intertravamento
  64 Relé S. C. falta à terra
  $64I$ Relé S. C. instantâneo
  87 Relé diferencial do gerador
  $87\,B$ Relé diferencial da barra

A proteção diferencial (relé n.º 87-ASA), auxiliada por um relé auxiliar (n.º 86-ASA), inicia simultaneamente (veja a Fig. 10.3):

a) desligamento dos disjuntores principal e de campo (bem como do neutro se houver);
b) frenagem da turbina;
c) às vezes, a abertura de CO_2 da proteção contra incêndio;
d) alarmes óptico e acústico;
e) sinalização no painel;
f) eventual transferência dos auxiliares da central (se ligados nesse gerador) para a fonte de reserva, etc.

Há algumas recomendações especiais sobre os transformadores de corrente; assim:

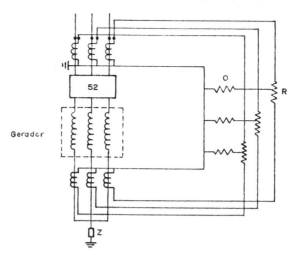

FIGURA 10.2 Proteção diferencial percentual de gerador

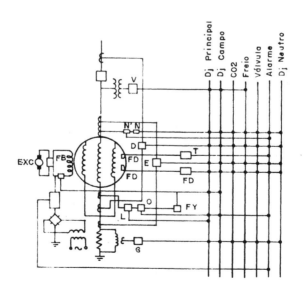

FIGURA 10.3 Atuação da proteção do gerador

D Relé diferencial
E Relé terra restrita
O Relé sobrecorrente
L Relé perda de carga
F Relé perda de campo (S.C.)
FY Idem (tipo admitância)
FD Detetor de fogo
G Relé sobretensão do neutro

R Relé terra no rotor
T Relé temperatura do estator
TD Detetor temperatura estator
V Relé sobretensão
N Relé seqüência negativa
N' Idem, alarme
FB Disjuntor de campo
FL Perda de campo

Proteção das máquinas rotativas

a) cada relé deve ser alimentado por TC exclusivos dessa proteção e colocados o mais perto possível dos terminais do gerador;

b) a fiação entre os TC e os relés deve ser curta e simétrica;

c) a ligação dos TC, em estrela, à terra (eletrodo) deve ser feita só no lado da fase; e a interligação entre os vários TC deve ser feita com fio de mesma seção que os de fase.

10.5 Proteção diferencial do estator contra curto-circuito entre espiras

Quando as grandes máquinas têm fases subdivididas, por motivos construtivos, o defeito de curto-circuito entre espiras é detetado por simples relés de sobrecorrente ligados em conexão diferencial transversal. É proteção sempre aconselhável nos arranjos bloco-gerador-transformador, mas em desuso nas unidades não em bloco (isolamento moderno melhorando, e o defeito tendendo rapidamente para fase-fase, que é detetável pela proteção diferencial longitudinal). O ajuste típico do relé é para corrente de desequilíbrio maior ou igual a 5% da corrente nominal do gerador. A atuação dá-se sobre os mesmos elementos que os da proteção longitudinal (que não pode ser dispensada).

A Fig. 10.4 mostra um tipo de conexão, mas há diversas outras possibilidades.

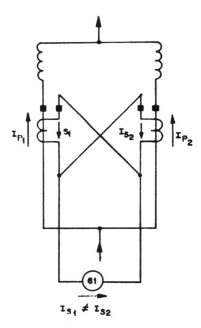

FIGURA 10.4 Proteção de fase dividida de gerador

10.6 Proteção diferencial do estator contra falta à terra

O aterramento do neutro de um gerador através de alta impedância tem as seguintes finalidades:

a) limitar os esforços mecânicos;
b) limitar os danos no ponto de defeito;
c) proteger contra as descargas atmosféricas;
d) limitar as sobretensões transitórias;
e) necessidade de obter correntes para releamento seletivo das faltas fase--terra.

Em geral, nesse tipo de aterramento, os relés diferenciais não são suficientemente sensíveis e seguros contra desligamentos intempestivos devidos a faltas externas à sua zona de proteção.

No caso do bloco gerador-transformador, mostrado na Fig. 10.1, e que constitui prática moderna, com o enrolamento do estator terminando no enrolamento de baixa-tensão do transformador, um sensível relé de seqüência zero pode ser usado para proteger contra todas as faltas à terra. É usual projetar-se esse relé para ser insensível às correntes de terceiro harmônico e ter um ajuste da ordem de 15% em relação ao regime da impedância do neutro. Onde um relé de tempo inverso é usado, ajusta-se-o para picape sob 5% do regime da impedância do neutro, e atuado em 0,5 s sob dez vezes o regime da impedância do neutro.

Nos raros casos em que o gerador é isolado da terra, são usados detetores eletrostáticos para esta proteção, já que as correntes de falta à terra correspondem aos baixos valores de correntes capacitivas alimentadas através das fases sadias.

Devido aos efeitos destrutivos de uma falta à terra (condutor para o núcleo), em conseqüência da alta temperatura do arco, a corrente de falta é usualmente limitada por uma impedância colocada no neutro do gerador, e que pode ser

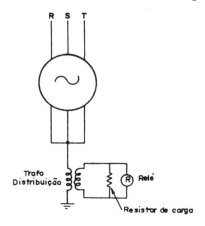

FIGURA 10.5 Proteção do estator à terra com transformador de distribuição no neutro

Proteção das máquinas rotativas **117**

uma resistência, um transformador de distribuição com resistor de carga, uma reatância ou um transformador de potencial (Fig. 10.5). Com a corrente do neutro limitada na ordem de 250 A, relés e disjuntores de alta velocidade são requeridos; com 5-20 A ou menos, como é mais usual, relés de ação mais lenta são suficientes. Quanto mais alta a impedância do neutro, entretanto, maior o risco de criar outra falta no enrolamento devido à tensão de ressonância com a capacitância do estator para a terra e o equipamento conectado a ele. A prática moderna é usar um transformador tipo distribuição monofásico, com resistor de carga, não excedendo cerca de 45 kVA.

No caso de um gerador não conectado em bloco, o valor da impedância do resistor de aterramento é dado por $Z = V/\sqrt{3} \times I$, onde:

V, tensão entre fases do gerador;
I, valor da máxima corrente de terra permitida (5-20 A).

Em geral a proteção cobre cerca de 80-90% do enrolamento, ficando o restante, a partir do neutro, desprotegido. Isso, no entanto, não é grave já que são muito menos prováveis as faltas nesse trecho do enrolamento.

10.7 Proteção de retaguarda do estator por meio de relés de sobrecorrente

Se não existem TC conectados nas extremidades do neutro dos enrolamentos do estator em estrela, ou se o neutro não é acessível, os dispositivos de proteção podem ser atuados somente pela corrente de curto-circuito suprida pelo sistema, conforme a Fig. 10.6. Tal proteção é efetiva somente quando o disjuntor está fechado ou existe outra fonte externa. Se o neutro do gerador não é aterrado, uma sensível e rápida proteção de sobrecorrente pode ser provida; porém, se o neutro é aterrado, um releamento de sobrecorrente direcional deve ser usado para maiores sensibilidade e velocidade. Em cada caso, relés de sobrecorrente direcionais devem ser usados para proteção de fase.

Se relés de sobrecorrente com restrição de tensão, não-direcionais, são usados para proteção de retaguarda contra falta externa, eles também servem para proteger contra faltas nas fases do gerador.

No entanto, nenhuma das anteriores formas de releamento serão tão boas como os relés diferenciais percentuais e não devem ser usadas exceto quando o custo para tornar acessível os terminais do neutro, e instalar neles TC e relés diferenciais, não puder ser justificado.

Um tipo de relé usado é o de sobrecorrente, ajustado para $1,3$-$1,4I_n \times$ 4-10 s; é preferível usar relés de tempo definido, para fins de coordenação, com o cuidado de regular para corrente inferior à corrente mínima de defeito permanente. A temporização do relé deve ser, no máximo, igual ao tempo que o fabricante garante para suportar a corrente de defeito.

É sempre preferível usar três TC, ao invés de dois, e tão próximos aos terminais do enrolamento quanto possível.

A Fig. 10.6(b) mostra um tipo de proteção contra sobrecarga, associado à proteção de sobrecorrente com temporização. Os fabricantes fornecem curvas de sobrecarga em função do tempo; exemplo: 3 s × 4 000 A; 2 s × 5 000 A; 1 s × 7 000 A, para $I_n = 700$ A.

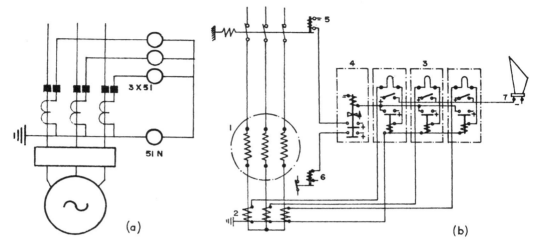

FIGURA 10.6 (a) Proteção de retaguarda por meio de relés de sobrecorrente, e (b) proteção contra sobrecarga e proteção de sobrecorrente temporizada, associadas

10.8 Proteção contra circuito aberto no estator

Um circuito aberto ou junta de alta resistência no enrolamento do estator é muito difícil de detetar antes que considerável dano tenha ocorrido. Não é a prática prover-se tal proteção, já que em máquinas bem construídas raramente isso ocorre. No entanto, o releamento de seqüência negativa para proteção contra correntes desequilibradas pode conter um sensível alarme para alertar o operador, nesse caso.

10.9 Proteção contra sobreaquecimento do estator

O sobreaquecimento do estator pode ser causado por sobrecarga ou por falha no sistema de refrigeração. Além da proteção de sobrecarga temporizada, mostrada na Fig. 10.6(b), é costume colocar bobinas detetoras de temperatura ou termopares nas ranhuras do enrolamento do estator de máquinas maiores que 1 500 kVA (pelo menos seis bobinas, bem distribuídas) para acionar um sistema de alarme para os operadores, ou provocar uma redução de carga em usinas sem operadores. A Fig. 10.7 mostra uma forma de ligação dos detetores em ponte de Wheatstone e um relé direcional, em forma preferencial.

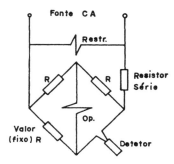

FIGURA 10.7   Proteção contra sobreaquecimento do estator-detetor em ponte

Para geradores até 30 MW podem ser usados relés tipo réplica ou de imagem térmica, sem detetores como acima, e que podem ser energizados a partir de TC que transformam a corrente do estator, e, por variação da resistência, fazem atuar alarmes.

Dispositivos suplementares podem monitorizar a temperatura do ar de refrigeração ou o óleo dos mancais, sendo regulados para alarme a 5-10 °C, acima das temperaturas julgadas normais.

10.10   Proteção contra sobretensão

É recomendada para geradores acionados por turbinas hidráulicas ou a gás, sujeitas a sobrevelocidade, e conseqüente sobretensão, na perda de carga.

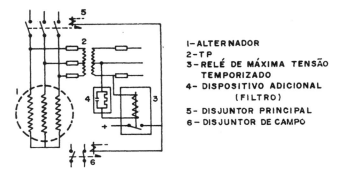

FIGURA 10.8   Proteção contra sobretensão do gerador

A proteção é freqüentemente garantida pelo regulador de tensão; caso contrário, ela é provida por um relé de sobretensão temporizado com picape em cerca de 1,10 Un e a unidade instantânea com picape entre 1,3-1,5 Un. O

120 *Introdução à proteção dos sistemas elétricos*

relé deve ser alimentado por TP que não o alimentador do regulador de tensão. Em geral, a operação do relé introduz resistência adicional no circuito de campo, por exemplo, em 0,5 s; se persiste a sobretensão (cerca de mais 8 s) devem ser atuados os disjuntores principal e do campo do gerador (em cerca de 4 s, no máximo, por exemplo). A Fig. 10.8 mostra um esquema em que um dispositivo adicional torna o relé insensível à variação da freqüência.

10.11 Proteção contra perda de sincronismo

A perda de sincronismo dos alternadores síncronos pode ser devida seja a um defeito de excitação (abertura involuntária do disjuntor de campo; rompimento de um condutor; ou por defeito no sistema de regulação) ou a uma causa exterior (curto-circuito na rede; desligamento de um importante consumidor de carga indutiva; ou conexão a uma longa linha em vazio).

Na prática, no entanto (e salvo para conversores de freqüência indução--síncronos usados na interconexão de dois sistemas, caso em que a proteção contra perda de sincronismo existe no lado síncrono), não é usual o emprego dessa proteção, já que ela é assegurada pela obrigatória proteção de perda de campo discutida adiante.

10.12 Proteção do rotor contra curto-circuito no campo

Como o circuito de campo opera não-aterrado, uma primeira falta não provocaria dano ou mesmo afetaria a operação do gerador. No entanto, essa falta pode aumentar o esforço para a terra em outros pontos do campo quando tensões são induzidas no campo devido a transitórios no estator. Assim, a probabilidade de ocorrer um segundo aterramento aumenta. E se esse segundo defeito ocorre realmente, parte do enrolamento do campo é curto-circuitado, criando um desequilíbrio de fluxo no entreferro e gerando forças magnéticas desequilibradas no rotor, capazes de deformar o eixo e, por vibração, chegar à quebra dos mancais ou roçamento do rotor contra o estator, dentro de 30 min a duas horas, por exemplo. O extenso dano resultante é oneroso e deixa a máquina fora de serviço por longo tempo.

Em centrais com operador, salvo em caso de grandes vibrações detetadas, só há alarme no primeiro contato à terra. A proteção preferida consta de um relé de sobretensão com injeção por fonte auxiliar (contínua ou alternada), colocado entre o circuito de campo e terra (escova no eixo, no caso do relé de corrente alternada).

A Fig. 10.9(a) mostra um esquema com relé de corrente contínua (com picape regulado para 1,5% da tensão de campo); a Fig. 10.9(b) mostra esquema com relé de corrente alternada (neste caso o relé deve ser menos sensível, para evitar intempestividade devida à capacitância para a terra).

Proteção das máquinas rotativas

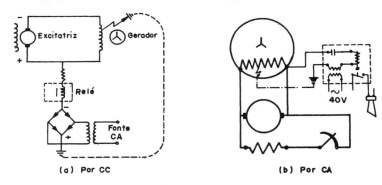

(a) Por CC (b) Por CA

FIGURA 10.9 Proteção de CC no campo do gerador

10.13 Proteção contra aquecimento do rotor devido a correntes desequilibradas do estator

As principais condições que provocam danosas correntes desequilibradas no estator são:

a) abertura de uma fase de uma linha ou falta de contato de um pólo do disjuntor;

b) falta desequilibrada próxima à central, e não prontamente removida pelos relés normais;

c) falta no enrolamento do estator.

A componente de seqüência negativa da corrente desequilibrada do estator induz uma corrente de freqüência dupla no rotor. Se o grau de desequilíbrio é suficientemente grande, severo sobreaquecimento pode ser provocado nas partes estruturais do rotor, o que tende a afrouxar as cunhas e anéis de retenção do enrolamento.

O tempo durante o qual o rotor pode suportar esta condição é inversamente proporcional ao quadrado da corrente de seqüência negativa, isto é, $K = I_2^2 t$ onde:

$K = 7$-30, para turbina a vapor,
$K = 40$-60, para turbina hidráulica,
e I em ampères e t em segundos (Fig. 10.11).

Em geral o fabricante fornece a curva ($K = I_2^2 t$) do gerador, permitindo ajustar a característica do relé de tempo inverso (alimentado por filtro de seqüência negativa) imediatamente abaixo daquela curva.

O relé pode atuar o disjuntor ou apenas operar um alarme em pequenos desequilíbrios, sendo regulado para $I_2 = 8$-$40\% I_1$, com retardo para prever desequilíbrios de pequena duração. Por exemplo, há relés em que uma primeira

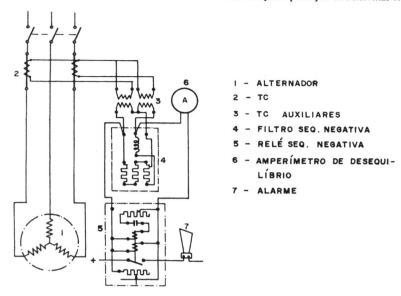

1 -	ALTERNADOR
2 -	TC
3 -	TC AUXILIARES
4 -	FILTRO SEQ. NEGATIVA
5 -	RELÉ SEQ. NEGATIVA
6 -	AMPERÍMETRO DE DESEQUI-LÍBRIO
7 -	ALARME

FIGURA 10.10 Proteção do rotor contra corrente desequilibrada do estator

unidade dá sinal quando $I_2 > 0{,}15 I_1$ e desliga com temporização de 2-20 s por atuação de uma segunda unidade quando $I_2 > 0{,}30 I_1$.

A Fig. 10.10 mostra um esquema típico de proteção contra corrente assimétrica (componente de seqüência negativa) no estator. Ele pode atuar só um alarme ou, em segundo estágio, atuar o disjuntor, separando da rede o gerador, conforme regulagem acima.

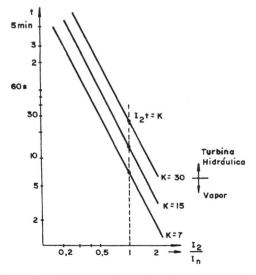

FIGURA 10.11 Proteção contra carga desequilibrada do estator (seqüência negativa)

10.14 Proteção contra perda de excitação ou de campo

Quando um gerador síncrono perde a excitação, ele acelera ligeiramente e opera como um gerador de indução; ou seja, puxa corrente reativa da rede, ao invés de fornecer. Mesmo durante o curto tempo em que isso ocorre, há um desequilíbrio magnético na máquina, resultando em sobreaquecimento perigoso (especialmente, se o rotor é de pólos lisos, sem enrolamento amortecedor, o que só é tolerável durante 2-3 min). Por sua vez, a sobrecorrente no estator, devida também à corrente reativa que é puxada da rede, pode atingir $2\text{-}4 I_r$ durante a marcha assíncrona provocando seu aquecimento, embora mais lentamente que o verificado no rotor.

Além disso, alguns sistemas não podem tolerar a operação continuada do gerador sem ou com baixa excitação, e a instabilidade pode ocorrer nos mesmos (especialmente se não há reguladores de tensão automáticos de ação rápida) devido à larga redução de tensão, conseqüente da inversão do fluxo de reativo.

Então, um equipamento de proteção rápido e automático deve atuar sobre os disjuntores principal e de campo do gerador faltoso, nesse caso, já que o operador somente em alguns sistemas não-críticos teria 2-3 min de espera para atuar manualmente, desligando o gerador e/ou apelando para uma fonte de excitação auxiliar, se houver.

Relés de subcorrente conectados ao circuito de campo foram usados extensamente, porém o mais seletivo tipo de relé de perda de excitação é um relé direcional de distância alimentado pela tensão e corrente alternadas do gerador principal.

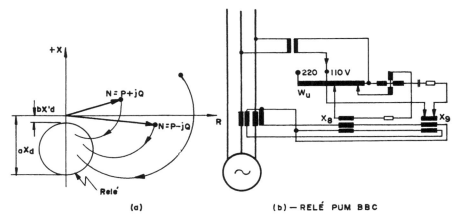

FIGURA 10.12   Proteção contra perda de excitação do gerador

Na Fig. 10.12(a) estão indicadas no diagrama $R\text{-}X$ diversas características de perda de excitação e a característica de operação de um tipo de relé de perda de excitação. Quaisquer que sejam as condições iniciais, quando a excitação é perdida, a equivalente impedância de carga vista pelo gerador traça um percurso

124   *Introdução à proteção dos sistemas elétricos*

do primeiro para o quarto quadrante que é penetrado, em caso de severa redução ou mesmo perda da excitação. Então, circundando esta última região com a característica do relé, ele operará quando o gerador começa a deslisar e desliga-o antes que seja danificado. Se o gerador for desligado rapidamente, pode retornar ao serviço; caso contrário, se trabalhou sem excitação algum tempo, precisa ser examinado cuidadosamente antes de religá-lo à rede.

A Fig. 10.12(b) mostra a ligação de um relé contra perda de excitação (tipo PUM, da Brown-Boveri). Para o relé, o gerador, cuja excitação foi suprimida, é visto como uma reatância indutiva. Enquanto a máquina está em sincronismo, essa reatância corresponde à sua reatância síncrona X_d; se a máquina sai de sincronismo, paralelamente com o aumento de deslizamento, a reatância se aproxima do valor da reatância transitória X'_d. Tal relé foi construído de modo a funcionar tão logo o valor da reatância medida se encontre no interior de um círculo, cujo centro é colocado sobre o eixo negativo de reatância e cujas intercessões com ele podem ser escolhidas em função de X_d e X'_d, por meio dos órgãos de ajuste do relé. Verifica-se na Fig. 10.12(b) que há uma comparação entre os conjugados de tensão e de corrente magnetizante, sendo este último somado ou subtraído daquele, resultando operação do relé ou não, respectivamente, se o sentido da corrente reativa é para o gerador ou para a rede. Para atender vários problemas (por exemplo, curto-circuito bifásico próximo ao gerador ou marcha síncrona sem excitação, etc.), é usual deslocar-se o círculo da origem, regulando-se o relé como indicado:

  a. Turboalternador
     círculo de impedância: X_d e $0,5\,X'_d$
     temporização: 2 s

  b. Alternador de pólos salientes
     círculo de impedância: $0,8\,X_d$ e $0,5\,X'_d$
     temporização: 2 s.

A temporização destina-se a permitir a auto-sincronização; de fato, em caso de marcha assíncrona da máquina excitada (por exemplo, devido aos transitórios do sistema), o vetor impedância oscila fora do círculo, podendo provocar funcionamento intermitente do relé (em geral, pois, é adicionado ao relé um integrador de impulsões, para a discriminação). Essa temporização é comandada por um relé de tensão mínima, em geral ajustado para 0,7 Un.

10.15   Proteção contra aquecimento do rotor devido à sobreexcitação

É feita indiretamente pelo equipamento de proteção contra sobreaquecimento do estator, ou pela característica de limitação da excitação do equipamento regulador de tensão.

Proteção das máquinas rotativas

10.16 Proteção contra vibração

A proteção do rotor contra sobreaquecimento devido a correntes desequilibradas no estator, minimiza ou elimina a vibração, dispensando proteção específica. Em turbinas a gás, de alta rotação, costuma haver registradores para deteção de possíveis faltas progressivas.

10.17 Proteção contra motorização

É feita com vistas à turbina e não ao gerador. Assim, o fabricante indica tempos críticos de operação após os quais pode haver sério risco para a turbina (na turbina a vapor, aquecimento do rotor; na hidráulica, cavitação; no motor diesel, pode incendiar o óleo não queimado; etc.) ou indesejável carga para a rede resultante do gerador operando como motor e tracionando o conjunto gerador-turbina, se o fluxo (vapor ou água) paralisa, por qualquer razão, na turbina.

Como se trata de um fenômeno simétrico, usam-se relés monofásicos de potência inversa, regulados para cerca de 0,5-3% da potência nominal, respectivamente, para turbina hidráulica e a vapor, e temporizados até minutos (veja as instruções do fabricante).

10.18 Proteção contra sobrevelocidade

É fornecida com a turbina ou com regulador de velocidade, na forma de uma chave centrífuga, por exemplo. Pode ser também usado um relé de sobrefreqüência. O ajuste, em qualquer caso, é da ordem de 110% (turbina a vapor) a 140% (turbina hidráulica), conforme instruções do fabricante. A atuação é sobre o fluxo de vapor ou água, freios e disjuntores do gerador.

10.19 Proteção contra sobreaquecimento dos mancais

O sobreaquecimento pode ser detetato por um relé atuado, seja por um bulbo termométrico colocado em um orifício do mancal, ou por detetor de temperatura, tipo resistência, embutido no mancal. Pode haver também um controle sobre o fluxo do óleo de refrigeração. Em geral só há atuação de alarme, em centrais com operadores.

10.20 Proteção de retaguarda contra falta externa

Os geradores devem ter provisão contra continuidade de fornecimento de corrente de curto-circuito a uma falta em elemento do sistema adjacente, e não eliminada por falha do releamento primário respectivo.

126   *Introdução à proteção dos sistemas elétricos*

Em geral, relés de sobrecorrente satisfazem para faltas à terra, enquanto para faltas fase-fase é preferível um relé de sobrecorrente com restrição por tensão, ou relé de distância (uma zona só). É costume usar relés de proteção de retaguarda do mesmo tipo que o usado no correspondente releamento primário.

10.21 Outras proteções diversas

Há ainda outras proteções mecânicas, contra fogo, etc., bem como dos próprios auxiliares da central, mas que não serão analisados nesta primeira etapa. Mesmo a proteção de subfreqüência, será deixada para um tópico especial, em cursos mais avançados, por interessar mais ao sistema que ao gerador (sistemas de rejeição ou de conservação de carga).

10.22 Proteção dos motores

As prescrições referentes aos motores pequenos são bem estudadas em publicações como o "National Electrical Code". Aqui serão analisadas, sucintamente, as proteções de motores síncronos, de indução, conversores síncronos, etc., em locais com operadores.

Basicamente, para motores grandes devem ser previstas proteções contra curto-circuito no enrolamento do estator; contra sobreaquecimento do estator; contra sobreaquecimento do rotor; contra perda de sincronismo; contra subtensão; contra perda de excitação; contra falta à terra no campo.

a) Proteção contra curto-circuito no enrolamento do estator

A proteção de sobrecorrente é o tipo básico usado: fusíveis (motor até 600 V), disparadores de ação direta e relés atuando sobre disjuntores (2 200 V e acima).

Deve ser feita uma distinção entre os chamados motores para serviço essencial ou não.

Nos motores de serviço não-essencial costuma-se usar relés de sobrecorrente de tempo inverso, com unidade instantânea, em cada fase. O ajuste dos relés de tempo inverso de fase é feito para cerca de $4I_n$, com retardo para ultrapassar o tempo de partida; a unidade instantânea é ajustada para a corrente de rotor bloqueado. Os relés de terra de tempo inverso são ajustados para cerca de $0,2I_n$ ou 10% da máxima corrente de falta à terra disponível, se menor que aquela; sua unidade instantânea ajusta-se entre $2,5$-$10I_n$ (pode ser dispensada, em caso de risco de desligamento intempestivo). Ainda, para faltas à terra pode ser usado um relé especial, denominado "sensor de terra" alimentado por TC tipo bucha abraçando os três condutores de fase. Releamento diferencial percentual é recomendado para os grandes motores, como 2 200-5 000 V, acima de 1 500 HP, e acima de 5 000 V com potência também acima de 500 HP.

Proteção das máquinas rotativas

Para os motores de serviço essencial é costume omitirem-se os relés de sobrecorrente de tempo inverso de fase, como descrito anteriormente, evitando-se desligamentos intempestivos por outras causas que não o curto-circuito.

b) Proteção contra sobreaquecimento do estator

Todos os motores necessitam proteção contra sobreaquecimento resultante de sobrecarga, rotor bloqueado ou correntes desequilibradas. Para isso são colocados elementos de sobrecarga em cada condutor de fase (melhor que só em duas, isto aceitável para motores abaixo de 1 500 HP).

Em motores não de serviço essencial, menores que 1 500 HP, usam-se relés de sobrecarga tipo réplica, relés de sobrecorrente de tempo inverso, ou disparadores de ação direta. É preferível o relé tipo réplica por acompanhar melhor a curva de aquecimento do motor. Para motores de serviço contínuo o ajuste é feito para $1,15 I_n$; para motores com fator de serviço de 115 % o ajuste é para $1,25 I_n$; para outros fatores de serviço ou outras condições, não exceder o ajuste de $1,40 I_n$. Motores acima de 1 500 HP utilizam geralmente detetores de temperatura tipo resistência, embutidos nas ranhuras do estator e atuando um relé de sobrecorrente simples. Também, nesses grandes motores, pode haver relés de balanço de corrente, ajustados para 25 % ou menos de desequilíbrio entre as fases.

Quanto aos motores de serviço essencial, deve-se procurar minimizar as possibilidades de desligamento desnecessário. Assim, os relés de sobrecorrente de tempo inverso só atuam alarme para sobrecarga além de $1,15 I_n$, enquanto a unidade instantânea é ajustada para $2\text{-}3 I_n$ em caso de rotor bloqueado.

c) Proteção contra sobreaquecimento do rotor

Nos motores indução tipo gaiola, usam-se relés tipo réplica ou de sobrecorrente de tempo inverso. Nos motores de rotor bobinado é útil consultar o fabricante. Nos motores síncronos a proteção dos enrolamentos amortecedores, durante a partida, deve ser prevista, principalmente se o motor parte em carga; se usados relés de balanço de corrente, a proteção global fica garantida, incluída a partida. Ainda nos motores síncronos deve ser usado relé térmico para proteger o enrolamento do campo contra prolongada sobreexcitação alertando o operador.

d) Proteção contra perda de sincronismo

Todos os motores síncronos partindo em carga devem poder removê-la, bem como a excitação, em caso de perda de sincronismo, e reaplicá-la quando permissível.

e) Proteção contra subtensão

Exceto os motores de serviço essencial, os demais usam como proteção contra subtensão o relé monofásico tipo tempo inverso até 1 500 HP e o relé trifásico para motores maiores.

f) Proteção contra perda de excitação

É usada se o motor não tem proteção contra perda de sincronismo e regulador de tensão automático; é feita por relés de subcorrente temporizado, colocados no campo.

g) Proteção contra falta à terra no campo

É idêntica à dos geradores, e usada se o tamanho ou importância do motor indicar.

10.23 Aplicações sobre proteção de gerador

A fim de esclarecer melhor alguns pontos da proteção de geradores, são apresentados a seguir ajustes de relés diversos.

PROBLEMA 1. Um gerador ligado em estrela, com neutro aterrado através de uma impedância Z_n, tem os seguintes dados: potência nominal: $P = 60\,\text{MVA}$; tensão nominal: $U = 13,8\,\text{kV}$; reatância subtransitória de eixo direto: $X''_d = 0,24\,\text{pu}$. Pede-se calcular:

a) o valor da impedância Z_n capaz de limitar em 5 A o valor da corrente de falta fase-terra no estator;

b) a máxima corrente de curto-circuito nos terminais de saída do gerador.

SOLUÇÃO

a) Cálculo da impedância de aterramento Z_n

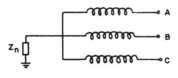

FIGURA 10.13

A corrente de falta fase-terra no estator é limitada pela impedância do neutro (as impedâncias de seqüência positiva e negativa do gerador, são consideradas desprezíveis face à de aterramento).

A corrente de curto-circuito fase-terra é dada por

$$I_F = x \cdot \frac{E}{Z_n},$$

onde I_F, corrente falta fase-terra; x, percentagem do enrolamento afetada pelo curto, medida a partir do neutro; E, tensão fase-neutro e igual a $U/\sqrt{3}$; Z_n, impedância de aterramento do neutro (limitadora).

Proteção das máquinas rotativas

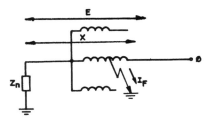

FIGURA 10.14

A pior hipótese verifica-se para um curto-circuito nos terminais do gerador ($x = 1,0$). Logo, substituindo os valores, vem

$$I_F = x \cdot \frac{E}{Z_n} = 1 \cdot \frac{13\,800}{Z_n\sqrt{3}} = 5\,\text{A},$$

donde

$Z_n = 1\,594\,\Omega$, já que fixamos em 5 A a máxima corrente permissível no gerador (prática razoável).

b) Análise da máxima corrente de curto-circuito

Embora normalmente a I_{cc} trifásica para curto-circuito nos terminais do gerador seja a pior hipótese, vamos calcular também I_{cc} fase-fase para comprovação. Seja

$$U_{base} = 13,8\,\text{kV},$$

$$N_{base} = 60\,\text{MVA}.$$

Logo

$$I_{base} = \frac{N_b}{\sqrt{3}\,U_b} = \frac{60 \times 10^3}{\sqrt{3} \times 13,8} = 2\,510,22\,\text{A}.$$

i) Curto-circuito fase-terra (Fig. 10.15)

$$I_F = I_{\phi N} = 5\,\text{A (fixada)}.$$

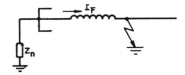

FIGURA 10.15

ii) Curto-circuito fase-fase (fases B e C) (Fig. 10.16).

É sabido que

$$I_{FB} = -I_{FC} = \frac{\sqrt{3}\,E}{Z_1 + Z_2}.$$

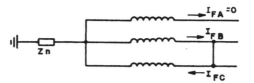

FIGURA 10.16

Logo

ou

$$I_{FB} = \frac{\sqrt{3}}{0,24 + 0,24} \text{ pu},$$

$$I_{FB} = I_{pu} \times I_{base},$$

$$I_{FB} = 5\,230\sqrt{3}\,(\text{A}) = \frac{\sqrt{3}}{2} \cdot I_{3\phi}.$$

iii) Curto-circuito trifásico

É sabido que

$$I_F = \frac{xE}{xZ_1} = \frac{1}{X_d''} = \frac{1}{0,24} = 4,166 \text{ pu},$$

ou

$$I_F = 10\,460 \text{ A}.$$

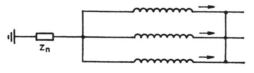

FIGURA 10.17

Confirma-se, pois, a hipótese do pior curto-circuito ser o trifásico. Assim, esse valor será usado nos problemas que se seguem, como pior hipótese.

PROBLEMA 2. Deseja-se proteger o gerador do Problema 1 contra falhas no enrolamento do estator, utilizando-se relés diferenciais ASEA, tipo RYDHA, de alta impedância ou não-percentuais.

O catálogo do fabricante indica que esses relés são ajustáveis para as tensões de 10, 15, 20, 25, 30, 40, 50 e 70 V, todos exigindo corrente mínima de operação de 16,5 mA. Pede-se

a) Desenhar um esquema unifilar do circuito de corrente alternada correspondente.

b) Escolher, dentre os relés disponíveis, aquele indicado para o caso, sabendo-se ainda que:

resistência do cabo mais longo entre o relé e os TC vale $R_c = 0,643\,\Omega$;
resistência interna dos TC: $R_s = 1,35\,\Omega$;
a relação dos TC é: $RTC = 600:1$.

Proteção das máquinas rotativas **131**

c) Calcular a corrente primária mínima de operação (I_p) do relé escolhido acima, sendo conhecidas as curvas de excitação dos *TC*, conforme a Tab. 10.2.

d) Calcular a porção do enrolamento do estator do gerador que é efetivamente protegida pelos relés diferenciais anteriormente mencionados, no caso de falha fase-terra. Comentar o resultado.

TABELA 10.2 Tabela dos *TC* (item 2c)

V (volts)	I_{ex} (ampères) TC 1	I_{ex} (ampères) TC 2	V (volts)	I_{ex} (ampères) TC 1	I_{ex} (ampères) TC 2
40	11,0	7,5	340	40,0	35,5
60	13,0	10,0	360	43,0	38,0
80	15,5	12,5	380	47,0	40,5
100	17,5	14,5	400	51,0	44,5
120	19,5	16,5	420	56,0	48,0
140	21,0	18,0	440	63,0	53,0
160	23,0	20,0	460	71,5	61,0
180	24,5	21,5	480	81,0	75,0
200	26,0	23,0	500	105,0	95,0
220	28,0	25,0	520	135,0	130,0
240	30,0	26,5	540	185,0	180,0
260	31,5	28,0	560	250,0	250,0
280	33,5	30,0	580	340,0	340,0
300	35,5	31,5	600	430,0	435,0
320	38,0	33,5			

SOLUÇÃO

a) Esquema unifilar do circuito CA

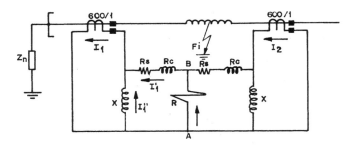

FIGURA 10.18

onde R_s, resistência secundária do $TC = 1,35\,\Omega$, R_c, resistência dos condutores de ligação = $0,643\,\Omega$, X, reatância de magnetização dos *TC*, R, bobina do relé diferencial (87 ASA) de alta impedância, indicado.

b) Cálculo do ajuste do relé

Uma norma fundamental da proteção diferencial é que o relé deve ficar inoperante, mesmo para o maior valor possível da corrente de curto-circuito, para uma falta externa à zona protegida. O relé em questão é ajustado para um valor de restrição VR, tal que não opere para o valor de defeito externo máximo calculado.

Assim, mesmo para um C-C trifásico que tivesse o valor de 10 460 A, como calculado no ponto Fi, na ausência do valor real máximo de defeito externo, a tensão $(eA - eB)$ aplicada aos terminais do relé deveria ser zero, para uma falta que fosse externa Fe, idealmente. Por outro lado, na pior hipótese, se o TC cujo cabo de ligação tem a maior resistência satura $(x_2 = 0)$, teremos entre A e B o maior valor possível de tensão, para uma falta externa. De fato, o circuito equivalente é:

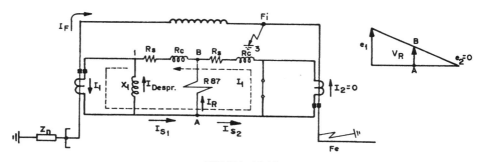

FIGURA 10.19

Verifica-se que se um TC satura, e lembrando que a corrente de magnetização circulando em X_1 é pequena (desprezível), a corrente de falta I_F/RTC circulará na malha indicada, donde a tensão no relé (V_R), conforme indicado no catálogo do fabricante,

$$V_R = V_A - V_B = \frac{I_F}{RTC}(R_s + R_c) = \frac{10\,460}{600}(1{,}35 + 0{,}643) = 34{,}74 \text{ V}.$$

Admitimos que $R_{87} \gg (R_s + R_c)$, donde $I_{s2} = I_{s1}$; assim I_{s2} irá circular pelo $TC2$ saturado, gerando a tensão V_R a menos de um pequeno erro conservativo. Este valor seria um pouco menor, realmente, se considerássemos a pequena corrente I_R que circula na bobina de alta impedância do relé. Para garantir que o relé não opere, mesmo para falta externa Fe, é usual adotar-se ainda um fator de segurança da ordem de uns 50%. Ou seja, dentre os ajustes possíveis, fornecidos pelo fabricante do relé, adotaremos

$$V_R = 50 \text{ V}.$$

Nota. O valor de V_R para C-C interno (Fi) é da ordem de algumas vezes maior que o da falta externa (Fe); logo, mesmo adotando $V_R = 50$ V, o relé operará,

Proteção das máquinas rotativas

naquele caso, corretamente. Isso garante a segunda norma da proteção diferencial: o relé deve operar para a falta interna.

c) Cálculo da corrente primária (I_p) de operação

Segundo o catálogo do relé, essa corrente primária mínima de operação é dada pela expressão abaixo (é da ordem de 2% da relação de transformação dos TC):

$$I_p = RTC(I_R + I_{ex}),$$

onde I_R, corrente de operação do relé (dado do fabricante), I_{ex}, somatório das correntes de excitação dos TC, por fase, na tensão de ajuste V_R.

Portanto, devemos inicialmente

i) Levantar as curvas ($V \times I_{ex}$) dos TC (Tab. 10.2);
ii) Calcular as correntes primárias correspondentes, usando o seguinte circuito equivalente para falta interna:

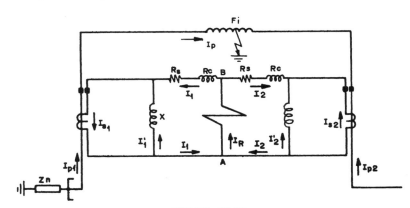

FIGURA 10.20

Do circuito deduziremos para a falta interna Fi:

$$I_{s1} = I'_1 + I_1,$$
$$I_{s2} = I'_2 + I_2,$$
$$I_p = I_{p1} + I_{p2},$$
$$I_s = I_{s1} + I_{s2}$$

e

Logo,

$$I_{s1} + I_{s2} = (I'_1 + I'_2) + I_1 + I_2).$$
$$I_{s1} + I_{s2} = (I'_1 + I'_2) + (I_1 + I_2).$$

Mas, como $(I_1 + I_2) = I_R$ (mínima corrente de operação do relé: dado de catálogo), vem

$$I_p = 600[(I'_1 + I'_2) + I_R]. \tag{10.1}$$

134 *Introdução à proteção dos sistemas elétricos*

Locando-se as curvas $(V \times I_{ex})$, ou interpolando na Tab. 10.2, e entrando com o valor $V = 50$ V (ajuste do relé, fixado anteriormente), tiram-se

$$I'_1 = 12 \text{ mA} \quad \text{e} \quad I'_2 = 8,8 \text{ mA}.$$

E como foi dada a mínima corrente de operação do relé $I_R = 16,5$ mA, vem em (10.1)

$$I_p = 600[(12 + 8,8) + 16,5] \times 10^{-3},$$

ou

$$I_{p\,min} = 22,38 \text{ A}$$

que é a mínima corrente primária capaz de fazer o relé operar para uma falta interna (*Fi*). No caso, como $RTC = 600$, resultou ser $22,38/600 \simeq 3,7\%$ ao invés dos 2% esperados.

Logo, para os curto-circuitos fase-fase e trifásico calculados no Problema 1 (suposta a falta nos terminais do gerador), o relé opera corretamente.

d) Porcentagem do enrolamento protegido no defeito fase-terra

Já vimos que

$$I_F = \frac{xE}{Z_n} = \frac{x}{Z_n} \cdot \frac{U}{\sqrt{3}} \text{ A}$$

e também

$$I_F = I_R \cdot RTC,$$

onde

$$I_m = (\text{corrente de picape mínima}) = 16,5 \text{ mA}.$$

Logo

$$\frac{x}{Z_n} \cdot \frac{U}{\sqrt{3}} = I_R \cdot RTC$$

ou seja

$$x = I_R \cdot \frac{Z_n\sqrt{3}}{U} \times RTC.$$

Seja $p\%$ a porcentagem do enrolamento não-protegido; ou seja, no trecho x a partir do neutro está aplicado $p\%$ ou $p/100$ da tensão E. Isso equivale dizer que $p/100 = x$, se p é dado em porcentagem. Logo

$$p\% = x \cdot 100.$$

Levando à equação de x, vem

$$p\% = I_R \frac{Z_n\sqrt{3}}{U} \cdot 100 \cdot RTC,$$

$$p\% = 16,5 \times 10^{-3} \times 600 \times \frac{1\,594\sqrt{3}}{13,8 \times 10} \times 100,$$

$$p\% = 198\%,$$

considerando

$$q = (100 - p\,\%),$$

Proteção das máquinas rotativas

como a porcentagem de enrolamento que fica protegida, vem

$$q = 100 - 198,$$
$$q = -98\%,$$

indicando que nada no enrolamento é protegido, para falta fase-terra, pelo relé diferencial. Logo, é necessário colocar relé de neutro para proteger o enrolamento do gerador contra aquele tipo de falta (veja o Problema 3).

Outra forma de raciocínio para solução do problema é a seguinte: a queda de tensão no resistor do neutro, devido à corrente primária mínima de atuação (ou de picape) do relé é

$$U = Z_n \cdot I_R \cdot RTC = (1\,594 \times 9{,}9)\ \text{V},$$

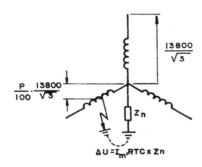

FIGURA 10.21

e que corresponde a

$$\frac{p}{100} \times \frac{13\,800}{\sqrt{3}}.$$

Logo

$$\frac{p}{100} \times \frac{13\,800}{\sqrt{3}} = 1\,594 \times 9{,}9,$$

onde

$$I_R = 16{,}5 \times RTC = 16{,}5 \times 600 = 9{,}9\ \text{A}.$$

Assim sendo, $p = 198{,}00 > 100\%$, indicando que, realmente, o relé não protege para falta fase-terra.

PROBLEMA 3. A proteção contra faltas fase-terra do gerador do Problema 1 foi feita com um relé ASEA, (n.º 59 ASA), conectado através de um filtro de terceiro harmônico FTH, conforme a Fig. 10.22.

Se o relé 59R foi ajustado para operar com $5\underline{/0°}$ V, segundo instruções do catálogo (e que determina o ajuste em cerca de 5% Un do relé), pede-se calcular:

a) Qual deveria ser a tensão V_F, na entrada do filtro, quando o gerador funciona normalmente (ou seja, quando se tem 180 Hz no circuito do filtro e relé), para que o relé operasse intempestivamente?

b) Idem, quando existe uma falta à terra no estator (ou seja, no circuito do filtro e relé há 60 Hz). Comparar o resultado com o do item anterior.

SOLUÇÃO

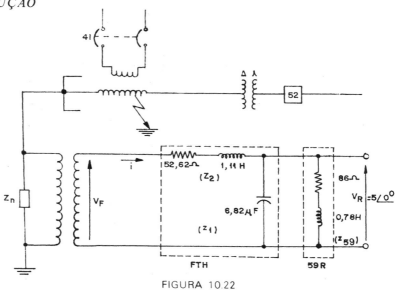

FIGURA 10.22

a) Tensão V_F na entrada do filtro (sem falta)

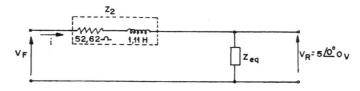

FIGURA 10.23

Transformando os valores de L e C, vem

$$X_c = \frac{1}{2\pi f C} = \frac{10^6}{2\pi \times 180 \times 6,82} = 0,000130 \times 10^6 = 130,$$

$$X_{L1} = 2\pi \times 180 \times 0,78 = 882,2 \ \Omega.$$

Logo,
$$z_{59R} = R + jX_{L1} = 86 + j882,2 = 886,38\underline{/84,43°} \ \Omega$$
e
$$z_1 = -jX_c = -j130 \ \Omega.$$

Então, a impedância-paralelo equivalente é

$$z_{eq} = \frac{z_1 \cdot z_{59R}}{z_1 + z_{59R}} = \frac{130\underline{/-90} \times 886,38\underline{/84,43}}{86 + j752,2} =$$

$$= 152\underline{/-89,05} = 2,52 - j152,18 \ \Omega.$$

A corrente na entrada do filtro é

$$i = \frac{V_R}{Z_{eq}} = \frac{5\underline{/0}}{152,2\underline{/-89,05}} = 0,033\underline{/89,05} \ A.$$

Proteção das máquinas rotativas

Por outro lado,

$$x_{L2} = 2\pi f L_2 = 2\pi \times 180 \times 1,11 = 1\,255,38\,\Omega$$

e

$$z_2 = 52,62 + j1\,255,38 = 1\,256,5\underline{/87,6}\,\Omega.$$

Assim, a tensão na entrada do filtro será

$$V_F = V_R + i \cdot z_2$$
$$= 5\underline{/0} + (0,033\underline{/89,05})(1\,256,5\underline{/87,6})$$
$$= -36,21 + j2,41 = 36,3\underline{/176,19}\ \text{V}.$$

b) Tensão V_F para $f = 60\ \text{Hz}$ (caso de falta no estator)

Calculando para 60 Hz, vem sucessivamente

$$X_c = \frac{1}{2\pi f C} = \frac{10^6}{2\pi(60)6,82} = 388,9\,\Omega,$$
$$X_{L1} = 2\pi f L_1 = 2\pi(60)(0,78) = 294,05\,\Omega,$$
$$X_{L2} = 2\pi f L_2 = 2(60)(1,11) = 418,46\,\Omega,$$
$$z_{59R} = R + jX_{L1} = 86 + j294,05 = 306,37\underline{/73,7^\circ},$$
$$z_1 = -j388,9 = 388,9\underline{/-90}\,\Omega$$
$$z_2 = 52,62 + j418,46 = 421,76\underline{/82,83}\,\Omega.$$

E a impedância equivalente será

$$z_{eq} = \frac{z_1 \cdot z_{59R}}{z_1 + z_{59R}} = \frac{(388,9\underline{/-90})(306,37\underline{/73,7})}{128,03\underline{/-47,80}} =$$
$$= 930,62\underline{/31,5} = 793,48 + j486,25\,\Omega.$$

Então,

$$i = \frac{V_R}{Z_{eq}} = \frac{5\underline{/0}}{930,62\underline{/31,5}} = 0,0054\underline{/-31,5}\ \text{A}.$$

A queda no filtro é

$$V = i \cdot z_2 = (0,0054\underline{/-31,5})(421,76\underline{/82,83}) = 2,266\underline{/51,33},$$

e a tensão na entrada do filtro será

$$V_F = i \cdot z_2 + V_R = 2,266\underline{/51,33} + 5\underline{/0},$$
$$V_F = 6,419 + j1,769 = 6,66\underline{/15,41}\ \text{V}.$$

Comparação dos resultados

Os cálculos anteriores permitem as seguintes conclusões.

1. O *FTH* oferece alta impedância para as tensões de 3.º harmônico ($V_F/V_R = 36,3/5 \simeq 7$), e baixa impedância para as tensões de faltas à terra do estator ($f = 60\ \text{Hz}$):

$$V_F/V_R = 6,66/5 \simeq 1,3.$$

2. O *FTH* barra completamente a freqüência de 3.º harmônico, a qual surge na operação normal da máquina, mas permite a atuação do relé 59R para falta à terra sem harmônicos ($f = 60$ Hz).

3. Na prática, a amplitude de corrente (ou tensão) de 3.º harmônico é muito pequena, comparada com a da freqüência fundamental; assim sendo, como a corrente de curto-circuito fase-terra é da ordem de 5 A, a corrente devida ao 3.º harmônico é muito pequena em relação à corrente de falta. Em conseqüência, após as devidas considerações de relação de transformação e da alta impedância do *FTH*, a tensão V_F resultante da corrente que circula no neutro, é insuficiente para sensibilizar o relé (V_R), quando da circulação do 3.º harmônico, somente sensibilizando o relé quando realmente houver a falta à terra. (Neste caso, o *FTH* oferece baixa impedância). O relé é ajustado para V_R pouco abaixo de V_F calculado; com isso garante-se a operação e, ao mesmo tempo, impede-se o desligamento intempestivo que poderia ocorrer com V_R da ordem de grandeza de V_F.

PROBLEMA 4. Explicar a seqüência de operação no circuito de corrente-contínua, conforme esquema dado no catálogo do relé ASEA, tipo RYDHA, quando existe uma falta no enrolamento do estator do gerador do Problema 1.

SOLUÇÃO. Explicação da seqüência de operação no circuito DC do relé 87 ASA

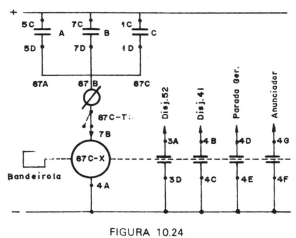

FIGURA 10.24

Se há uma falta em qualquer das fases do enrolamento do estator, o relé 87 (A, B ou C) atua fechando seu contato (A, B ou C), acarretando a energização do relé auxiliar 87 C-X que, além de derrubar a bandeirola, fecha os contatos indicando:

3A-3D, abertura do disjuntor 52;
4C-4B, abertura do disjuntor de campo 41;
4D-4E, atuação na parada da máquina;
4F-4G, dispara o alarme da estação, alertando o operador para o defeito.

Proteção das máquinas rotativas

PROBLEMA 5. Um gerador possui as seguintes características:

potência nominal $P = 160\,\text{MVA}$;
tensão nominal $U = 15\,\text{kV}$;
reatância transitória de eixo direto $X'_d = 0,29\,\text{pu}$;
reatância síncrona de eixo direto $X_d = 0,82\,\text{pu}$.

Deseja-se protegê-lo contra perda de excitação por meio de um relé da General Electric, tipo CEH, de característica mho deslocada.

O catálogo do fabricante fornece as seguintes informações (veja a Fig. 10.25):

1) tape de deslocamento (*off-set*) — pode ser variado, sem variação do diâmetro da característica, através de tapes de 0,5-4 Ω, em degraus de 0,5 Ω;

2) tape de restrição — pode-se variar o diâmetro da característica, sem variação do *off-set*, através de tapes de 1-100%, com base na tensão fase-neutro, em degraus de 1%;

3) o tape para diâmetro (*d*) desejado da característica, em ohms fase-neutro secundário, é dado por

$$\text{tape}(\%) = \frac{500}{d}.$$

Sabe-se ainda que os TC possuem relação $RTC = 600/5$ e os TP têm relação $RTP = 15\,000/\sqrt{3}\,/120/\sqrt{3}$ ou $RTP = 125{:}1$.

Pede-se calcular:

i) o *off-set* e desenhá-lo na Fig. 10.27;
ii) o diâmetro *d* da característica e desenhá-lo na Fig. 10.27;
iii) o valor do tape(%) para o diâmetro *d* desejado.

SOLUÇÃO. Ajuste do relé mho (perda de excitação, 40 ASA)

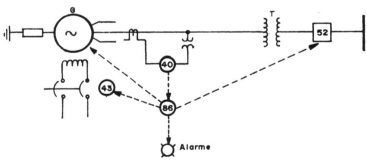

FIGURA 10.25 Cálculo do deslocamento (*off-set*) do relé mho

a) Cálculo do deslocamento (*off-set*) do relé mho (Fig. 10.26)

OA = reatância transitória (X'_d)
$OK \simeq (X'_d/2)$
d = diâmetro do círculo mho.

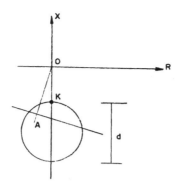

FIGURA 10.26

Como

$$I_n = \frac{P}{\sqrt{3}U} = \frac{160\,000}{\sqrt{3} \times 15} = 6\,170 \text{ A},$$

logo

$$RTC = 6\,000/5 = 1\,200{:}1,$$

e

$$RTP = 15\,000/\sqrt{3}/120/\sqrt{3} = 125{:}1.$$

O valor da impedância-base na própria base do gerador é

$$Z_b = \frac{kV_b^2}{MVA_b} = \frac{15^2}{160} = 1{,}406 \; \Omega.$$

E que é vista pelo relé como

$$Z'_b = Z_b \cdot \frac{RTC}{RTP} = 1{,}406 \times \frac{1\,200}{125} = 13{,}500 \; \Omega.$$

As reatâncias transitória e síncrona do gerador são vistas pelo relé, assim,

$$X'_{d\,sec} = Z'_b \cdot X'_{d\,pu} = 13{,}5(0{,}29) = 3{,}915 \; \Omega,$$
$$X_{d\,sec} = Z'_b \cdot X_{d\,pu} = 13{,}5(0{,}82) = 11{,}070 \; \Omega.$$

O catálogo indica como calcular o deslocamento da característica

$$\textit{Off-set} = \frac{1}{2} X'_{d\,sec} = \frac{3{,}915}{2} = 1{,}9575 \; \Omega.$$

Como os tapes variam de 0,5 até 4, em múltiplos de 0,5, escolhe-se

$$\textit{Off-set} = 2\Omega.$$

b) Cálculo do diâmetro da característica

Ainda o catálogo indica o cálculo do diâmetro

$$d = (X_{d\,sec} - \textit{off-set})$$
$$= 11{,}070 - 2 = 9{,}070 \; \Omega.$$

Proteção das máquinas rotativas

c) Cálculo do valor do tape(%) para o diâmetro d

Segundo o catálogo, vem

$$\text{tape}(\%) = \frac{500}{d} = \frac{500}{9,07} = 55,19\%.$$

Logo,
$$\text{tape} = 55\%.$$

Observação. Basta, agora, transpor esses valores para a Fig. 10.27, como pedido, e ajustar no relé os valores

$$\text{off-set} = 2\,\Omega,$$
$$\text{tape} = 55\%.$$

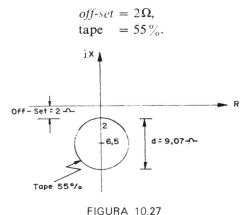

FIGURA 10.27

PROBLEMA 6. Ajustar a proteção antimotorização de um gerador de 192 MVA — 18 kV acionado por turbina a vapor, usando relés GGP53B (General Electric). O fabricante da turbina informou que a potência de motorização necessária, sob rotação nominal, é de 4 000 kW.

SOLUÇÃO. Do catálogo do relé direcional de potência, trifásico, verifica-se que o mesmo:

i) tem corrente de picape mínimo de 0,025 A, sob tensão nominal (ajustável até 0,3 A);

ii) a temporização (impedindo desligamento intempestivo, devido a reversões de potência por ocasião de sincronizações e outras oscilações do sistema), é feita entre 1,5-30 s, através de um ajustador, tal que, aproximadamente, no $DT = 10$ equivale a $t = 30$ s (ou 20 s no $DT = 7$; e 10 s no $DT = 4$).

iii) o ajuste da bandeirola pode ser feito no tape 0,2 ou 2 A, respectivamente, dependendo se a corrente na bobina de acionamento do disjuntor é menor ou maior que 2 A.

O ajuste, pois, consiste basicamente em fixar o DT (em geral $DT = 10$) e verificar se a potência reversa corresponde a um valor superior ao picape mínimo do relé.

142 *Introdução à proteção dos sistemas elétricos*

A corrente nominal do gerador é

$$I_{nG} = \frac{P}{\sqrt{3}\,U} = \frac{192\,000}{\sqrt{3} \times 18} = 6\,150 \text{ A.}$$

Escolhamos TC de 8 000/5 A, e suponhamos disponíveis TP de 18 600/120 V. Ora, a corrente primária disponível pela potência reversa capaz de motorizar o gerador é

$$I_{Mp} = \frac{P}{\sqrt{3}\,U} = \frac{4\,000}{\sqrt{3} \times 18} = 128 \text{ A.}$$

Ou, no secundário do TC (relé),

$$I_{Ms} = \frac{I_{Mp}}{RTC} = \frac{128}{8\,000/5} = 0,08 \text{ A} \gg 0,025 \text{ A.}$$

Como vemos, se há motorização, resulta um valor bem maior que a corrente de picape mínimo, garantindo a atuação do relé, como desejado, mesmo fazendo-se a correção resultante do fato de a tensão do gerador (18 kV) ser um pouco menor que a dos TP associados. De fato teríamos

$$\frac{18\,000}{18\,600} \times 120 = 116 \text{ V,}$$

o que conduziria ao nosso valor de picape do relé,

$$\frac{120}{116} \times 0,025 = 0,026 \text{ A} \ll I_{Ms} \text{ disponível.}$$

Logo, pode ser deixado o ajuste em $DT = 10$ e $RTC = 8\,000/5$ como pretendido.

EXERCÍCIOS

1. Um gerador conectado em triângulo, conforme a Fig. 10.28, é protegido por meio de relés diferenciais percentuais. Pede-se completar as ligações indicadas, de modo a tornar estável a proteção diferencial, respeitadas as marcas de polaridade indicadas.

2. O gerador da Fig. 10.29 está protegido por meio de relés diferenciais percentuais com sensibilidade de 0,1 A e declividade 10%. O resistor de aterramento limita a corrente de falta à terra em 400 A. Se a máquina está conduzindo 800 A de carga, em que porcentagem do enrolamento do gerador o relé detetará faltas à terra, supondo que os TC de 1 000-5 A permaneçam precisos?

3. Um gerador trifásico de 62 500 kVA, $X_d' = 13,8\%$, $X_d = 114\%$, 14 kV, é protegido por meio de relé de perda de excitação tipo mho da GE. Pede-se escolher os TP e TC e ajustar o relé, conhecendo-se as seguintes informações extraídas do catálogo respectivo:

a) tape de deslocamento ou *off-set*, ajustável entre 0,5-4 Ω, em múltiplos de 0,5 Ω;

Proteção das máquinas rotativas

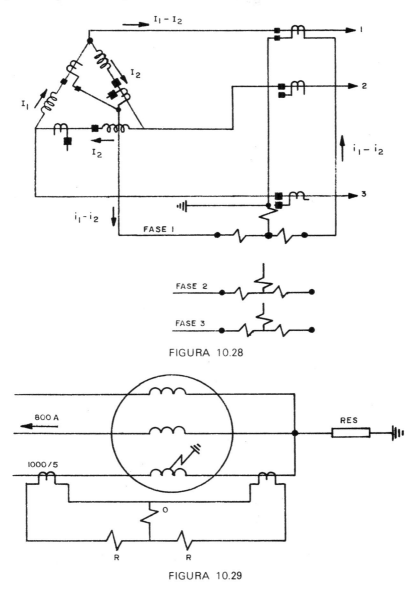

FIGURA 10.28

FIGURA 10.29

b) tape de restrição, ajustável entre 0-100%, em múltiplos de 1%;
c) a relação entre o tape de restrição e o diâmetro d da característica é: tape(%) = $500/d$.

Representar, no diagrama R-X, a solução encontrada.

CAPÍTULO 11

PROTEÇÃO DE TRANSFORMADORES

11.1 Introdução

Ao contrário dos múltiplos tipos de defeito suscetíveis de aparecer nas máquinas rotativas, os transformadores podem ser sujeitos apenas a curto-circuitos nos enrolamentos, sobreaquecimento e circuito aberto. Realmente, a construção dos transformadores atingiu nível técnico tão elevado que os mesmos podem ser colocados entre os elementos das instalações elétricas que apresentam maior segurança de serviço.

Na prática, não há proteção específica contra circuito aberto; além de raros, não são danosos por si mesmos.

Quanto à proteção térmica, mesmo em subestações sem operador, normalmente só controla alarmes ou bancos de ventiladores.

Assim, o que deve preocupar, basicamente, é a proteção contra curto-circuito interno e a proteção de retaguarda contra faltas externas. Os curto-circuitos resultam de defeitos de isolamento que, por sua vez, são constituídos por sobretensões, de origem atmosférica ou manobras, e por sobreaquecimento inadmissível dos enrolamentos. As sobrecargas repetitivas, permanentes ou temporárias, conduzem a um envelhecimento prematuro dos isolantes dos enrolamentos e, finalmente, a curto-circuitos entre espiras, entre fases, etc.

Basicamente, grandes transformadores usam a proteção diferencial (percentual ou por acoplador linear) e proteção Buchholz (gás). Pequenas unidades e transformadores de média potência com alimentação unilateral, podem contentar-se com a proteção através de relés de sobrecorrente temporizados e/ou por fusíveis. Relés térmicos e imagens térmicas constituem a proteção para sobrecarga. A proteção de retaguarda é feita, geralmente, por meio de relés de sobrecorrente e/ou por fusíveis.

Neste estudo estaremos preocupados com transformadores tipo potência (acima de 500 kVA); abaixo disso, são analisados nas proteções dos sistemas de distribuição e industriais, objeto de outros estudos. Ainda que seja normal análise da proteção de:

> transformadores de potência;
> autotransformadores;
> transformadores reguladores;

Proteção de transformadores **145**

transformadores de aterramento;

transformadores para retificadores;

transformadores para fornos a arco, etc.;

estaremos particularmente preocupados apenas com os dois primeiros tipos, neste primeiro estudo de caráter mais geral.

Analisaremos, pois, aspectos das proteções por meio de relés: diferencial, sobrecorrente, a gás e massa-cuba (ou de carcaça ou derivação).

11.2 Proteção contra curto-circuito interno nos enrolamentos

É feita preferencialmente por meio de relés diferenciais percentuais e de relés Buchholz ou a gás.

O relé diferencial é recomendável para todo banco trifásico acima de 1 000 kVA e econômico acima de 5 000 kVA. Sempre que a proteção de sobrecorrente, para transformadores abaixo de 1 000 kVA, não dê a necessária sensibilidade, relés diferenciais devem substituí-los.

Para autotransformadores, adota-se o critério do tamanho físico equivalente, com base na expressão a seguir, para definir o tipo de proteção indicado.

$$kVA_{banco} \times \left(1 - \frac{V_{BT}}{V_{AT}}\right),$$

onde V_{BT} e V_{AT} são os valores nominais das tensões dos lados de baixa e alta-tensão, respectivamente.

11.2.1 PROTEÇÃO DIFERENCIAL PERCENTUAL – (ASA 87)

É capaz não só de eliminar todos os tipos de curto-circuito internos, inclusive entre espiras, como também os defeitos devidos a arcos nas buchas.

Nessa montagem diferencial comparam-se as correntes na entrada e na saída do elemento protegido, sendo que o relé, dito diferencial, opera quando atravessado por uma corrente cuja diferença entre entrada e saída ultrapassa certo valor ajustado e denominado corrente diferencial.

No caso de transformadores, aparecem outras correntes diferenciais, que não de defeito, devidas principalmente:

a) à corrente de magnetização inicial;

b) aos erros próprios dos transformadores de medida colocados em cada lado do transformador;

c) ao não-perfeito ajuste das relações de transformação dos transformadores de medida;

d) à possível ligação do transformador de potência em tapes diferentes, etc.

Em conseqüência, só devem ser usados relés compensados ou diferenciais percentuais que possam compensar tais diferenças. A Fig. 11.1 mostra o esquema de conexão das bobinas de operação e restrição, com a resposta a defeito interno

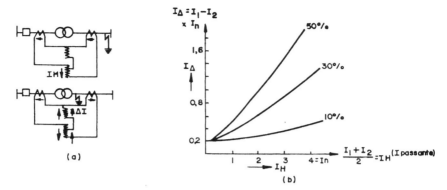

FIGURA 11.1 Proteção diferencial do transformador

(operação) e externo (não-operação), bem como as características de disparo do relé para diversas possibilidades de ajuste da declividade entre 10 e 50%, para um relé Brown-Boveri, tipo TG.

A conexão dos TC obedece a uma regra empírica segundo a qual *os TC colocados no lado estrela do transformador de potência devem ser conectados em triângulo, e os TC do lado triângulo do transformador devem ser ligados em estrela.*

Em geral, sempre que há uma diferença de corrente maior que 10-15% entre as saídas dos TC de ambos os lados do transformador, é prudente usar transformadores de corrente auxiliares, para melhor compensação. Neste caso, a regra acima é transferida para o TC auxiliar; ou seja, os dois TC principais são ligados em estrela e todos os pontos neutros interligados e aterrados em um único e mesmo ponto. Uma observação importante é que o relé deve sempre ser colocado entre duas conexões triângulo (seja dos TC ou do transformador de força), para não operar errado com falta externa à terra (recordar que a conexão triângulo prende a componente de seqüência zero).

A interconexão dos TC com o relé é feita em três passos, respeitados dois requisitos básicos e na seguinte prioridade:

a) o relé diferencial não deve operar para carga ou para falta externa;

b) e, o relé diferencial deve operar para falta interna suficientemente severa.

A Fig. 11.2(a) e (b) e a Fig. 11.3 mostram os passos descritos a seguir.

Primeiro passo: admitir, arbitrariamente, o sentido do fluxo das correntes nos enrolamentos do transformador, em que direção se desejar, observando porém, o requisito imposto pelas marcas de polaridade, segundo o qual correntes fluem em direções opostas nos enrolamentos do mesmo núcleo.

Segundo passo: admitir que as correntes que fluem nos terminais secundários do transformador e no seu primário, na direção da falta externa (e para a qual o relé não deve funcionar), não fluem para a terra pelo neutro do enrolamento em estrela (ou seja, as correntes trifásicas somam zero, vetorialmente).

Terceiro passo: ligar o jogo de TC em triângulo (ou estrela), segundo a regra empírica citada, e depois ligar o outro jogo de TC tal que suas correntes

Proteção de transformadores

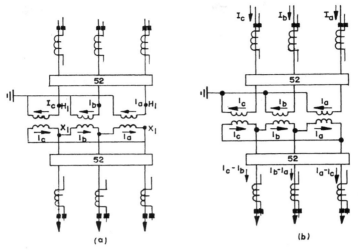

FIGURA 11.2 Conexão de proteção diferencial em transformador. [(a) Primeiro passo; (b) segundo passo]

secundárias circulem entre os TC como requerido para falta externa (isto é, sem passar pela bobina de operação do relé).

Um quarto passo seria verificar que o relé, assim alimentado pelos TC, opera para faltas internas, corretamente.

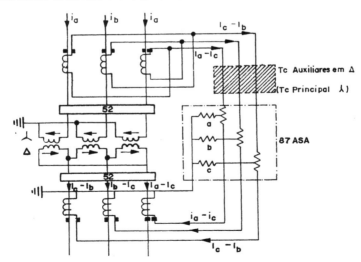

FIGURA 11.3 Roteiro para conexão de proteção diferencial de transformador. (Terceiro passo)

Se o transformador tem três enrolamentos, o princípio geral é o mesmo: combina-se um dos enrolamentos com cada um dos outros. Na prática há diversas possibilidades de conexão, cada uma apresentando vantagens e desvantagens.

A Fig. 11.4(a) mostra uma dessas possibilidades (relé Brown-Boveri, tipo TG, com apenas duas bobinas de restrição), enquanto a Fig. 11.4(b) mostra outra possibilidade melhor (relé Westinghouse, tipo CA-4, com três bobinas de restrição).

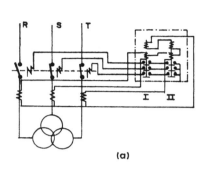

(a)

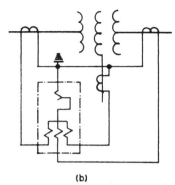

(b)

FIGURA 11.4 Proteção diferencial de transformadores de três enrolamentos

É hoje exigido que o relé diferencial percentual usado na proteção de transformadores tenha em conta o efeito da corrente de magnetização inicial do transformador.

De fato, é sabido que no momento da energização do transformador, dependendo das condições de magnetismo remanente ou da posição do ciclo de tensão, uma corrente de magnetização inicial de grande valor (até 10-15 I_n) é capaz de operar relés diferenciais comuns.

Alguns métodos são encontrados, na prática, para evitar um tal desligamento intempestivo. Os principais são:

a) Temporização do relé, durante a magnetização inicial. Um retardo de 0,2 s seria suficiente. O método, no entanto, não é bom, já que, entre outras razões, exige-se normalmente na prática a utilização de relés de alta velocidade (no mínimo se o transformador: tem tensão acima de 15 kV, qualquer potência; ou tem potência acima de 2 000 kVA, qualquer tensão; ou em qualquer outro caso, por motivos de estabilidade); a temporização anularia a vantagem do relé de alta velocidade.

b) Dessensibilização – em que um relé de subtensão comanda um contato normalmente fechado, com abertura temporizada, e que através de um resistor mantém a bobina de operação do relé curto-circuitada durante a energização do transformador. A desvantagem principal é que os defeitos costumam ocorrer exatamente no instante da manobra, e uma tal temporização bloquearia o relé erradamente [Fig. 11.5(a)].

c) Supressão de atuação – utiliza três relés de tensão, de alta velocidade. Se não há defeito no instante da energização, esses relés ligam um temporizador para o relé diferencial. Caso houvesse defeito, os relés de tensão não seriam capazes de operar, e a manobra de energização ficaria impedida, corretamente. É particularmente encontrado com relés diferenciais de alta velocidade.

Proteção de transformadores

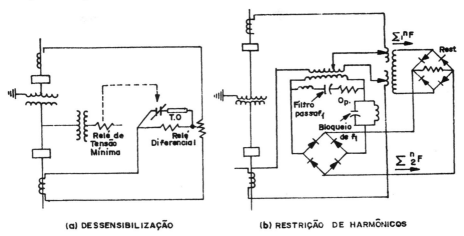

(a) DESSENSIBILIZAÇÃO   (b) RESTRIÇÃO DE HARMÔNICOS

FIGURA 11.5   Método de compensação contra corrente de magnetização inicial do transformador

d) Restrição de harmônicos — em que o relé é capaz de distinguir entre uma corrente de curto-circuito e de magnetização, pelo fato de que naquela não há harmônicos preponderantes. O esquema básico consiste em realizar-se um relé tipo balanço, em que um dos braços (bobina de operação) recebe só a componente fundamental da corrente, enquanto o outro braço (bobina de restrição) recebe as componentes fundamental e harmônicos, devidamente retificados. Assim, em caso de curto-circuito o relé opera (ausência de harmônicos na bobina de restrição), e em caso de magnetização inicial fica bloqueado (os harmônicos reforçam o conjugado de restrição). Este é atualmente o melhor e o mais utilizado método.

A Fig. 11.5 (a) e (b) representa esquemas, respectivamente, dos métodos de dessensibilização e de restrição de harmônicos.

11.2.2   PROTEÇÃO DE SOBRECORRENTE (ASA 51)

Para a proteção contra curto-circuito de transformadores de média e pequena potência, em que a importância econômica é menor, ou como proteção de retaguarda para falta externa, relés de sobrecorrente primários ou secundários são empregados, em vez dos diferenciais.

Uma proteção mais simples, usada para transformadores empregados para alimentação de redes de baixa-tensão, é constituída por fusíveis de grande capacidade de rutura, tipo elo, instalados nas três fases.

Três TC, um em cada fase, e pelo menos dois relés de fase e um de terra, são exigidos de cada lado do banco que é ligado através de um disjuntor à fonte de corrente de curto-circuito. Por segurança, e particularmente nos transformadores estrela-triângulo, é preferível sempre usar três relés de fase e um de neutro.

Cada relé de sobrecorrente deve ter:

a) um elemento de tempo inverso cuja corrente de picape é ajustada um pouco acima da máxima corrente de carga (seja 1,50 I_n) e suficientemente temporizado para ser seletivo com o releamento dos elementos do sistema adjacente durante faltas externas.

b) um elemento instantâneo cuja corrente de picape é fixada ligeiramente acima, seja da máxima corrente de curto-circuito para falta externa ou da corrente de magnetização, a que for maior.

Se há mais que uma possível fonte de alimentação da corrente de defeito, é necessário que pelo menos alguns dos relés de sobrecorrente sejam direcionais, tanto para obtenção de boa proteção, quanto por motivos de seletividade para as faltas externas.

11.2.3 PROTEÇÃO POR MEIO DE RELÉ DE PRESSÃO E/OU DE GÁS (ASA 63)

O relé de pressão é destinado a responder rapidamente a um aumento anormal na pressão do óleo do transformador, devido ao arco, resultante de uma falta interna; tal relé é insensível às lentas variações causadas, por exemplo, pela variação de carga [Fig. 11.6(a)]. Constitui assim valiosa suplementação aos relés diferenciais ou de sobrecorrente, para faltas dentro do tanque.

Caso o transformador tenha o tanque conservador de óleo, além de aproveitar-se a transmissão da onda de pressão no óleo, usa-se também o relé detetor de gás. De fato, em caso de faltas incipientes, há formação de gás que, após certo tempo, fecha um contato acionando o alarme, antes que a deterioração do isolamento provoque dano maior. A análise periódica de gás revela, em qualidade, se é caso de defeito elétrico (gás combustível), e em quantidade a extensão da falta, recomendando ou não a remoção de serviço do transformador [Fig. 11.6(b)].

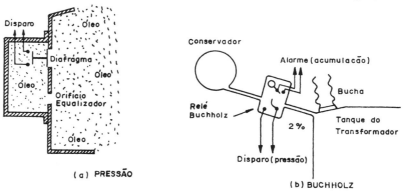

FIGURA 11.6 Proteção por meio de relé de gás

O chamado relé Buchholz é uma combinação feliz do relé de pressão com o relé detetor de gás. Ele é composto de dois elementos, montados no tubo que liga o tanque do transformador ao conservador; um dos elementos é uma bóia

Proteção de transformadores

colocada na câmara coletora de gás, enquanto o outro contém uma lâmina que é operada pela rápida circulação do óleo no tubo. O primeiro elemento deteta as faltas incipientes, por acumulação de gás (aciona o alarme), enquanto o segundo deteta curto-circuito (aciona o disjuntor) que provoca rápida expansão do óleo entre o tanque e o conservador.

11.2.4 PROTEÇÃO POR DERIVAÇÃO OU MASSA-CUBA

Em sistema com neutro aterrado, a proteção do transformador pode ser feita isolando-se seu tanque da terra, exceto por uma ligação através de um *TC*, em cujo secundário coloca-se um relé de sobrecorrente. Tal proteção, contudo, não responde às faltas entre espiras (de pequena probabilidade) ou nos terminais do transformador, mas é muito barata (Fig. 11.7). A proteção atua sobre os disjuntores.

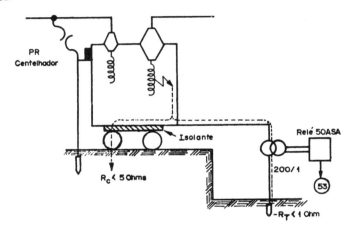

FIGURA 11.7 Proteção por derivação ou massa-cuba de transformador

11.3 Proteção contra sobrecarga (ASA 26)

Destina-se a proteger o isolante de seus enrolamentos contra os estragos provocados por aquecimento inadmissível.

Geralmente os transformadores dispõem de um indicador da temperatura, tipo termômetro, no topo do óleo, o qual por meio de tubo capilar poderá acionar um contato de alarme (80 °C) outro contato para ligar os ventiladores (60 °C) e ainda um outro para ligar as bombas de circulação do óleo (65 °C), por exemplo, se o transformador é do tipo que permite até 55 °C de elevação de temperatura do enrolamento.

Quando desejado, o transformador pode ser equipado seja com um detetor de temperatura do enrolamento, tipo resistência (o resistor é uma bobina não--indutiva, de cobre, com 10 Ω sob 25 °C, por exemplo) alimentado por um *TC*; ou seja, trata-se de uma imagem térmica colocada dentro do óleo e refletindo a temperatura do ponto mais quente. Esse indicador ou imagem possui três contatos normalmente ajustados para operar com, respectivamente, 80-85 e 105 °C em transformadores com elevação de temperatura no enrolamento de 55 °C, sendo os dois primeiros para atuar o equipamento de ventilação e o último para alarme ou disparo do disjuntor.

Podem ser ainda usados relés térmicos, diretos ou secundários, que têm um dispositivo de disparo instantâneo ou fracamente temporizado regulável que, em associação com um elemento temporizado, podem servir como proteção de curto-circutio em certos casos (proteção combinada). Por exemplo, em relés Brown-Boveri, têm-se as seguintes constantes de tempo: relés diretos, tipo HT, 15,30 e 45 min; relés secundários, tipo ST, 20; 30; 40; 60; 80 e 110 min.

11.4 Proteção de retaguarda

O transformador deve ter proteção contra sobreaquecimento perigoso causado pela circulação prolongada de correntes de falta em um elemento adjacente do sistema.

Essa proteção já é satisfeita se houver uma proteção de retaguarda realizada por outros meios; por exemplo, no sistema unitário gerador-transformador, a proteção do gerador executa isso.

Em unidades de pequena e média potência, protegidos por meio de relés de sobrecorrente e/ou por fusíveis, não há essa proteção. No entanto, em grandes unidades, normalmente dispondo de relés diferencial e Buchholz, os defeitos externos são resolvidos, em retaguarda, por meio de relés de sobrecorrente temporizados, nas três fases e neutro. (Fig. 11.8).

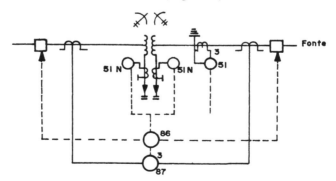

FIGURA 11.8 Proteção de retaguarda do transformador, por meio de relé de sobrecorrente

11.5 Desligamento remoto

Quando uma linha de transmissão termina em um único banco de transformadores, é prática freqüente omitir-se o disjuntor do lado de alta-tensão, por motivos de economia, e fazer um desligamento transferido sobre o disjuntor no início da linha.

Proteção de transformadores

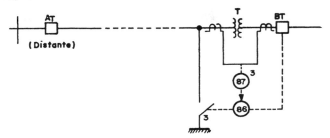

FIGURA 11.9 Desligamento remoto de disjuntor AT do transformador

Para isso, o relé diferencial do banco atua sobre o disjuntor do lado de menor tensão, em caso de defeito, e inicia o desligamento do disjuntor distante pela provocação de um curto-circuito franco junto ao transformador, graças ao fechamento de uma chave trifásica de aterramento, acionada por mola. Assim, a corrente de curto-circuito torna-se *visível* ao disjuntor distante, o qual desliga a linha (Fig. 11.9). A desvantagem desse método é o tempo longo exigido (até meio segundo); por isso, às vezes, a ação da chave de aterramento é substituída por fios piloto (ação em cerca de três ciclos). Atualmente tal prática está caindo em desuso: com o aumento da carga terminal só raramente pode-se dispensar o disjuntor de AT, o qual, apesar da elevação do custo da instalação, elimina os problemas gerados pela chave de aterramento.

11.6 Aplicações sobre proteção de transformador

PROBLEMA 1. É dado um transformador trifásico, de dois enrolamentos, com comutador de tapes colocado do lado de menor tensão. São conhecidos:

potência, 20 000 kVA;
tensão, 150/42-60 kV;
grupo de conexão, yd5;
relação dos *TC*, 80/5 A e 250/5 A;
classe de exatidão dos *TC*, ABNT B2,5 F20 C100.

Pede-se: traçar os esquemas trifilar e vetoriais para um relé tipo DMS, da Brown--Boveri.

SOLUÇÃO

O relé DMS é do tipo diferencial percentual compensado contra a corrente de magnetização, capaz de proteger contra curto-circuitos em geral, inclusive entre espiras. Opera entre 20-50 ms.

A solução está mostrada na Fig. 11.10, onde foi julgado conveniente o emprego de um *TC* auxiliar de relação 4,81/2,66.

PROBLEMA 2. É dado um transformador trifásico de dois enrolamentos, conectado em triângulo-estrela aterrado (alta e baixa-tensão), que deve ser

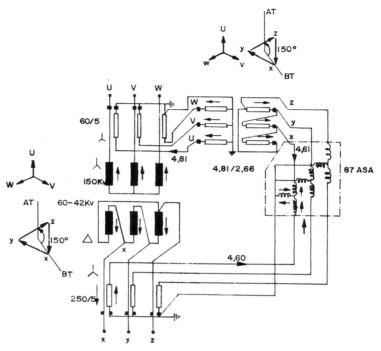

FIGURA 11.10 Problema n.º 1 — esquema trifilar da proteção diferencial

protegido por um relé diferencial percentual tipo HU, da Westinghouse. Do transformador conhece-se:

Lado estrela (*L*-baixa)

$P = 20\,000$ kVA
$V_L = 12\,400$ V
$RTC = 1\,200/5 = 240$ (máxima)

Lado triângulo (*H*-alta)

$P = 20\,000$ kVA
$V_H = 69\,000$ V
$RTC = 600/5 = 120$ (máxima)

Do relé conhece-se
tapes $(T_H = T_L)$: 2,9;3,2;3,5;3,8;4,2;4,6;5,0 e 8,7A,
erro de ajuste (*mismatch*), 15%,
sensibilidade, 30%.

Pede-se escolher os ajustes do relé.

SOLUÇÃO

a) Escolha dos *TC*

As correntes nominais primárias do transformador são

$$I_n = \frac{P}{\sqrt{3}\,U}, \qquad I_{nL} = \frac{20\,000}{\sqrt{3} \times 12{,}4} = 930 \text{ A},$$

$$I_{nH} = \frac{20\,000}{\sqrt{3} \times 69} = 167 \text{ A}.$$

Proteção de transformadores **155**

Logo, as RTC escolhidas serão

$$RTC_L = 1\,000/5 = 200 \quad , \quad RTC_H = 200/5 = 40.$$

b) Escolha dos tapes do relé

As correntes nos secundários dos TC são

$$I_s = \frac{I_n}{RTC} \quad , \quad I_{sL} = \frac{930}{200} = 4,65 \,,$$

$$I_{sH} = \frac{167}{40} = 4,18 \cdot$$

As correntes nos relés serão

$$I_{rL} = \sqrt{3} \cdot I_{sL} = \sqrt{3} \times 4,65 = 8,05 \text{ A} \quad (TC \text{ em triângulo}),$$

$$I_{rH} = I_{sH} = 4,18 \text{ A} \quad (TC \text{ em estrela}).$$

Então, fixando-se o tape $T_L = 8,7$ A, resulta para T_H

$$T_H = \frac{I_{rH}}{I_{rL}} \cdot T_L = \frac{4,18}{8,05} \times 8,7 = 4,64 \text{ A} \quad ou \quad T_H = 4,6 \text{ A}.$$

c) Cálculo do erro de ajuste (*mismatch*)

Segundo o catálogo do relé, tal erro deve ser inferior a 15%, e é calculado pela fórmula seguinte:

$$\varepsilon\% = \frac{\dfrac{I_{rL}}{I_{rH}} - \dfrac{T_L}{T_H}}{S} \times 100 < 15\%,$$

onde S é o menor dos dois termos do numerador.

Logo,

$$\varepsilon\% = \frac{8,05/4,18 - 8,7/4,6}{S} \times 100 = \frac{1,93\text{-}1,90}{1,90} \times 100 = \frac{0,03}{1,9} \times 100 =$$
$$= 1,6\% < 15\%.$$

Comentários. A bobina de operação é composta de uma unidade diferencial (*DU*) que impede a operação para faltas externas, e a unidade de restrição de harmônicos (*HRU*) que impede a operação por correntes de magnetização.

O relé é disponível com sensibilidade de 0,30 ou 0,35 vezes o tape, e admite respectivamente erro de ajuste (*mismatch*) até 15 ou 20% (exemplo: $\pm$ 10% do trocador de tapes e 5% de erro do próprio TC). Em geral, basta usar o relé com sensibilidade 30%, donde os TC poderem ser da classe ASA 10H ou L. O fabricante fornece indicações para verificar o desempenho dos TC aplicados.

Caso, no cálculo acima, $\varepsilon\%$ fosse maior que 15%, tentar-se-ia $T_H = 5,0$, por exemplo, e se recalcularia.

PROBLEMA 3. É dado um transformador trifásico de 40 MVA, três enrolamentos com tensões $H = 161$ kV (estrela), $I = 69$ kV (estrela) e $L = 12,4$ kV (triângulo para 10 MVA).

156 *Introdução à proteção dos sistemas elétricos*

Pede-se ajustar para ele um relé tipo HU, da Westinghouse, e verificar o desempenho dos TC escolhidos, sabendo-se que a resistência da fiação vale $R_L = 0,5\ \Omega$, e que os TC só alimentam o relé ($Z_A = 0$).

SOLUÇÃO

O catálogo do fabricante fornece as instruções para ajuste, semelhante ao Problema 2, indicando o cálculo do erro de ajuste entre cada dois enrolamentos:

$$\varepsilon\% = 100\frac{(I_{rH}/I_{rI})-(T_H/T_I)}{S}.$$

Quanto ao desempenho dos TC, o erro não deve ser superior a 10% sob condição de máxima corrente de falta simétrica externa, ou de oito vezes o tape do relé. Um método preciso de determinar o erro de relação é a utilização das curvas de fator de correção da relação. No entanto, um método menos preciso, mas satisfatório, utiliza a classificação ASA, e, nesse caso, para um TC classe $10L$, usual na prática, o desempenho é considerado adequado se

$$\frac{N_P V_{CL}}{100} > Z_T,$$

onde

$N_P = N/N_T$ = proporção das espiras totais usadas,
N_T = relação do TC para enrolamento total,
N = número de espiras do TC usadas,
V_{CL} = classe de tensão usada no TC com precisão $10L$, em volts,
Z_T = carga total do TC, em ohms, e assim calculada:

TC conectado em estrela

$$Z_{T\curlywedge} = 1,13\,R_L + \frac{0,15}{T} + Z_A,$$

TC conectado em triângulo

$$Z_{T\triangle} = 3\cdot Z_{T\curlywedge}\ ;$$

T = tape do relé, em cada caso,
R_L = resistência da fiação entre TC e relé, em ohms,
Z_A = outras cargas, em ohms, eventualmente servidas pelos TC.

Quanto à escolha das relações dos TC, é recomendado que elas gerem as correntes secundárias I_s, entre enrolamentos, não superior à relação 3, já que os tapes disponíveis são limitados em $8,7/2,9 = 3$. E se qualquer corrente I_r for menor que três vezes a outra, o tape 8,7 deve ser escolhido para ela, como base de partida.

O ajuste pode ser tabelado como a seguir.

EXERCÍCIOS

1. Considere o transformador da Fig. 11.11, no qual as conexões foram feitas tal que sob condição de corrente normal de carga (só corrente de seqüência

Cálculo do ajuste do relé HU, para transformador

	Lado H ($\curlywedge$)	Lado I ($\curlywedge$)	Lado L (Δ)

1. Seleção do TC:

$$I_P = \frac{kVA}{U\sqrt{3}}$$

	$\dfrac{40\,000}{161\sqrt{3}} = 143$ A	$\dfrac{40\,000}{69\sqrt{3}} = 334$ A	$\dfrac{10\,000}{12,4\sqrt{3}} = 465$ A
TC escolhido	$400/5$ ($N = 80$)	$600/5$ ($N = 120$)	$1\,000/5$ ($N = 200$)

2. Seleção dos tapes:

$$I_s = \frac{I_P}{N}$$

	$\dfrac{143}{80} = 1,78$ A	$\dfrac{334}{120} = 2,78$ A	$\dfrac{465}{200} = 2,32$ A
			(sob 10 MVA)

I_R (sob $MVA_b = 40$)

	$I_{RH} = 1,78\sqrt{3}$	$I_{RI} = 2,78\sqrt{3}$	$I_{RL} = \dfrac{40}{10} \times 2,32$
	$= 3,08$ A	$= 4,82$ A	$= 9,3$ A
Tape escolhido	—	—	8,7
Tape desejado	$T_H = T_L \dfrac{I_H}{I_L}$	$T_I = T_L \dfrac{I_1}{I_L}$	—
	$= 8,7 \dfrac{3,08}{9,30}$	$= 8,7 \dfrac{4,82}{9,30}$	
	$= 2,88$	$= 4,52$	
Tape escolhido	$T_H = 2,9$	$T_I = 4,6$	$T_L = 8,7$

3. Erro de ajuste em %

	$100\dfrac{\dfrac{I_{RH}}{I_{RI}} - \dfrac{T_H}{T_1}}{S}$	$100\dfrac{\dfrac{I_{RI}}{I_{RL}} - \dfrac{T_I}{T_L}}{S}$	$100\dfrac{\dfrac{I_{RL}}{I_{RH}} - \dfrac{T_L}{T_H}}{S}$
	$100\dfrac{\dfrac{3,08}{4,82} - \dfrac{2,9}{4,6}}{0,630}$	$100\dfrac{\dfrac{4,82}{9,30} - \dfrac{4,6}{8,7}}{0,518}$	$100\dfrac{\dfrac{9,30}{3,08} - \dfrac{8,7}{2,9}}{3,00}$
	$100\dfrac{0,640 - 0,630}{0,630}$	$100\dfrac{0,518 - 0,528}{0,518}$	$100\dfrac{3,02 - 3,00}{3,00}$
	$1,6\% < 15\%$	$-1,9\% < 15\%$	$0,67\%\ \ 15\%$

4. Desempenho do TC

$$Z_T =$$

	$3,4\,R_L + \dfrac{0,45}{T}$	$3,4\,R_L + \dfrac{0,45}{T}$	$1,13\,R_L + \dfrac{0,15}{T}$
	$3,4 \times 0,5 + \dfrac{0,45}{2,90}$	$3,4 \times 0,5 + \dfrac{0,45}{4,60}$	$1,13 \times 0,5 + \dfrac{0,15}{8,70}$
	$1,86\ \Omega$	$1,80\ \Omega$	$0,58\ \Omega$

$$N_P = \frac{N}{N_T} =$$

	$\dfrac{80}{240} = 0,333$	$\dfrac{120}{120} = 1,00$	$\dfrac{200}{240} = 0,833$

$$= \frac{N_P \cdot V_{CL}}{100} =$$

	$\dfrac{0,333 \times 800}{100} =$	$\dfrac{1,0 \times 200}{100} = 2,00$	$\dfrac{0,833 \times 200}{100} = 1,67$
	$= 2,67$		

$$= \frac{N_P \cdot V_{CL}}{100} \geqslant Z_T?$$

	Sim	Sim	Sim

positiva!), as correntes no primário estão adiantadas de 30° em relação às correntes secundárias. Pede-se esboçar um diagrama de fasores de seqüência positiva e negativa das correntes nos enrolamentos, comentando sobre o valor e o sentido relativo da defasagem angular.

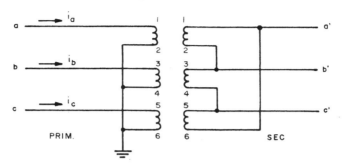

FIGURA 11.11

2. Um transformador trifásico conectado, triângulo-estrela, tem relação de tensão de linha 0,4/11 kV, tendo os *TC* do lado 400 V na relação 500-5 A. Qual deve ser a relação dos *TC* no lado 11 kV? Justificar.

3. Na Fig. 11.11, supor que a alimentação seja feita pelo lado $a'b'c'$. Nessa hipótese, esboçar as conexões para o relé diferencial percentual, e mostrar os fluxos das correntes no relé para o caso de uma falta externa fase-terra em uma linha no lado estrela. Comentar o resultado.

CAPÍTULO 12

PROTEÇÃO DE BARRAMENTOS

12.1 Introdução

A proteção seletiva dos jogos de barras adquire grande importância nas redes equipadas com sistemas do tipo diferencial, e por fio-piloto, os quais, em caso de defeito, não podem agir senão sobre trechos de linha bem delimitados. Nesses casos, a deteção dos defeitos que afetam as partes entre tais zonas delimitadas, não fora a proteção específica de barra, ficaria a cargo da proteção de retaguarda, cujo tempo de operação poderia criar problemas de seletividade. Portanto, uma proteção rápida e específica dos jogos de barras torna-se indispensável para o equipamento de uma rede, respondendo às modernas exigências. Isso é menos grave, no entanto, se as instalações são equipadas com proteção de distância, caso em que a segunda zona poderá eliminar os defeitos de barra, ainda razoavelmente. Apesar disso, e de modo geral, a importância de uma proteção de barras de ação rápida é considerável, pois que há nelas, freqüentemente, grande concentração de potência, o que conduz a grande dano para o equipamento e sérias perturbações para a operação, em caso de defeito.

Costuma-se ouvir que uma barra não tem características de defeito peculiares, e, por isso, seria passível de receber bem uma proteção do tipo diferencial, desde que tivesse *TC* disponíveis. No entanto, também é afirmado que se trata, fundamentalmente, de um problema de desempenho do transformador de corrente, como veremos.

Diversas condições devem ser satisfeitas nesta proteção:

a) deve ser rápida, para limitar o dano, particularmente em instalações interiores;

b) deve ser muito estável, isto é, não tender a operar para faltas externas à zona ou devidas a manobras voluntárias de grande porte, na própria estação;

c) deve ter operação confiável, já que sua falha de operação pode causar extenso dano ao equipamento, perigo para o pessoal e interrupção do fornecimento;

d) deve permitir testes periódicos, manuais ou automáticos, para verificação da atuação dos relés sob condição de falta interna, já que tais faltas são raras (uma em quinze anos de instalação, por exemplo), e os equipamentos ficariam inativos por longo tempo;

160 *Introdução à proteção dos sistemas elétricos*

e) deve permitir contínua supervisão dos circuitos dos *TC* e de disparo;

f) deve haver cuidado especial no treinamento dos próprios operadores já que as estatísticas mostram que, aproximadamente, 50% das faltas são atribuídas a falhas de isolamento do equipamento e a arcos devidos a descargas atmosféricas; 35%, a erros humanos; 15%, a causas diversas — queda de objetos, falha em disjuntores, etc.;

g) finalmente, os relés devem ser projetados para máxima estabilidade elétrica (definida pelo máximo valor de corrente devida à falta externa que não opera o relé, e que é cerca de cinqüenta vezes o regime do *TC*) e mecânica (condições locais — temperatura, umidade, poeira, etc.)

12.2 Sistemas de proteção de barras

Fundamentalmente pode-se dizer que os relés para deteção de todos os tipos de faltas nas barras se baseiam na lei de Kirchhoff: as correntes entrando e saindo da barra devem somar zero, vetorialmente, a menos que haja um defeito interno. Assim, o sistema diferencial é o mais usado, razão porque nos deteremos um pouco mais em sua análise.

Contudo, em alguns casos, adiciona-se a esse sistema mais as seguintes possibilidades: proteção pelos relés de retaguarda; proteção por dispersão pela carcaça ou de massa-cuba; e proteção por comparação direcional.

Ora, a proteção diferencial depende da soma das correntes no secundário dos *TC* ser zero quando a soma das correntes primárias entrando e saindo da barra é nula; nesse caso nenhuma corrente diferencial é produzida e o relé fica inoperante para falta externa e carga normal.

No entanto, durante uma falta externa o *TC* no alimentador defeituoso "vê" uma corrente que é a soma das correntes em todos os outros *TC* ao redor da barra, porém, a diferença nas condições magnéticas dos *TC* pode afetar seus desempenhos tal que, em *TC* com núcleo magnético, as correntes secundárias podem não somar zero como desejável. Mesmo com *TC* idênticos, com núcleos suficientemente grandes para impedir saturação sob máxima corrente de defeito, as condições transitórias devidas à componente de corrente contínua podem provocar desequilíbrio e falsa operação no releamento diferencialmente conectado. Algumas tentativas foram feitas, no sentido de corrigir essa situação:

a) a temporização da proteção, hoje difícil. De fato, o crescimento dos sistemas e, conseqüentemente, as pesadas correntes de defeito existentes, exigem relés de alta velocidade, por motivos de estabilidade;

b) o uso de relés diferenciais percentuais, o que também não é uma solução completa, como veremos;

c) o uso de *TC* sem núcleo magnético (acopladores lineares, da Westinghouse);

d) e, recentemente, o uso de dispositivos detetores baseados em raio laser, etc.

Proteção de barramentos

12.3 Proteção diferencial de barras

Como vimos anteriormente, a conexão diferencial poderá ser aplicada com relés de sobrecorrente simples, com relés de sobretensão ou com relés diferenciais percentuais.

12.3.1 RELEAMENTO DIFERENCIAL COM RELÉS DE SOBRECORRENTE

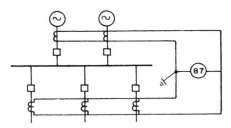

FIGURA 12.1 Proteção de barra com relé de sobrecorrente conectado diferencialmente

A Fig. 12.1 mostra o esquema-base correspondente, para o qual algumas regras básicas devem ser apontadas.

a) todos os TC devem ter a mesma relação nominal;

b) a interconexão deve ser tal que para corrente de carga ou para corrente de falta externa, nenhuma corrente deve fluir na bobina do relé (supostos TC sem erro de relação e/ou fase);

c) determinar se algum TC pode saturar, do que resultaria corrente diferencial capaz de provocar operação intempestiva. Os fabricantes informam o valor da máxima densidade de fluxo (B) tolerável no núcleo do TC. Devido à constante de tempo da componente de corrente contínua, quanto mais perto da fonte estiver a barra, maior será a saturação dos TC; faz grande diferença a corrente de falta ser limitada por impedância de linha (constante de tempo = = 0,01 s) ou de gerador (constante de tempo = 0,3 s);

d) usar fiação de grosso calibre (mínimo 10 AWG) e simétrica na interconexão dos TC e relés (diminui a carga no TC e evita o desequilíbrio de queda de tensão na fiação);

e) escolher os regimes dos TC, tal que a máxima magnitude da corrente de falta externa seja menor que cerca de vinte vezes os regimes dos TC. Se os TC são do tipo bucha, usar a mais alta relação de espiras;

f) para impedir a operação do relé no caso de circuito aberto no TC, o picape do relé é freqüentemente não menor que o dobro da corrente de carga do circuito mais pesadamente carregado;

g) preferir relé de tempo inverso aos instantâneos, por serem menos sensíveis às componentes de corrente-contínua e harmônicos da corrente diferencial resultantes do erro dos TC devido à saturação;

h) se permissível, a temporização (0,2 a 0,5 s) da atuação é útil para deixar ultrapassar a corrente de erro devida aos transitórios;

i) evitar, tanto quanto possível, o uso de TC auxiliares (caso algum TC não pudesse ter a mesma relação dos demais);

j) interligar todos os neutros dos TC com fio isolado, e de mesmo calibre que os de fase e aterrar em um mesmo e único ponto. É bom levar essa junção para aterrar no painel do relé diferencial onde é feita a conexão ao neutro das bobinas conectadas em estrela (evitar intempestivos desligamentos pela corrente circulante no circuito diferencial, devido às diferentes resistências entre os pontos de aterramento, durante pesadas faltas).

12.3.2 RELEAMENTO DIFERENCIAL PERCENTUAL

É uma antiga solução ao problema da saturação dos TC nas faltas externas. O equipamento é disponível para tempos de operação da ordem de 3-6 ciclos, mas não é conveniente onde for requerida operação em alta velocidade. Costuma-se usar relés com múltiplas bobinas de restrição (tipo CA-4, da Westinghouse), evitando-se fazer paralelismo dos TC, o que é sempre problemático.

12.3.3 RELEAMENTO DIFERENCIAL COM ACOPLADORES LINEARES

Em TC com núcleo de ferro, o número de circuitos permissíveis em uma barra é limitado pelo fato de que o relé recebe a corrente diferencial menos a soma das correntes de excitação de todos os TC da barra. Além disso, as altas constantes de tempo possíveis nos modernos sistemas de potência prolongam os transitórios, tal que a estabilidade do relé para pesadas faltas externas pode ser difícil de se obter, especialmente no caso de relé diferencial de terra.

Com TC toroidais sem núcleo de ferro (denominados *linear couplers*, pela Westinghouse), as condições transitórias são eliminadas e não há corrente de magnetização, nem limite de saturação magnética (B_{max}), nem problema de impedância dos condutores de interconexão. São conectados como na Fig. 12.2.

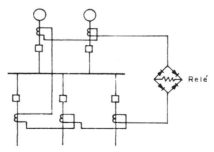

FIGURA 12.2 Proteção de barra com acopladores lineares

Tais acopladores têm uma saída de 5 V/1 000 A, graças à declividade (0,5 %) da característica linear $E_s \times I_{ex}$.

A precisão é da ordem de 1 %. A relação entre a máxima corrente de falta externa (bloqueio) para a mínima corrente de falta interna (atuação) é cerca de 25: ($I_{Me}/I_{mi} \simeq 25$). Caso contrário, exige adicional relé de terra. O número de circuitos em cada barra pode chegar a 15, dependendo da sensibilidade do relé.

Proteção de barramentos

12.3.4 RELEAMENTO DIFERENCIAL COM RELÉ DE SOBRETENSÃO

Sob condição de pesada falta externa o TC na fase defeituosa pode saturar e, se isso ocorre, sua saída pode ser deficiente e, assim, a soma das correntes secundárias de todos os TC não será nula. A resultante corrente de desequilíbrio fluirá no relé, provocando sua atuação e desligamento da barra.

No entanto, se o relé opera na base de tensão, ao invés de corrente, a saturação do TC no alimentador defeituoso não provocará confusão já que a tensão através dos TC será limitada à queda RI nos condutores do TC saturado e resistências dos enrolamentos secundários, o que é uma tensão relativamente baixa. E se o TC não satura, a tensão no relé será aproximadamente nula porque é conectado através de tensões de polaridade opostas. (Fig. 12.3).

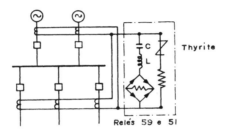

FIGURA 12.3 Proteção de barra com relé diferencial

Por outro lado, durante uma falta na barra, todos os TC estarão empurrando suas correntes através do relé, tal que a tensão através do mesmo será igual à impedância do relé vezes a total corrente secundária da falta menos as correntes de magnetização dos TC. Isso será uma tensão muito mais alta, cerca do valor da tensão de circuito aberto no secundário dos TC, e operará o relé.

A mínima tensão que pode ser apresentada ao relé durante uma falta interna é, usualmente, muitas vezes o máximo valor para uma falta externa, tal que é fácil determinar um ajuste seletivo para o relé, que é comumente ajustado para atuar com o dobro do valor da máxima falta externa, ou metade da tensão de saturação do menor TC. Para faltas à terra, um ajuste mais baixo pode ser necessário se o sistema é aterrado por impedância.

Para esse sistema ser eficiente é preciso que a resistência dos circuitos secundários dos TC seja baixa, isto é, a fiação entre os TC e o ponto de junção deve ser tão curta quanto possível e TC toroidais (tipo bucha) devem ser usados. Todos os TC devem ter a mesma relação e devem ser evitados os TC auxiliares de ajuste por introduzirem assimetrias.

A capacitância e a indutância em série com o circuito retificador que alimenta o relé de sobretensão (59 ASA), constitui um circuito ressonante-série para a freqüência fundamental, aumentando a seletividade de resposta do relé. Como a resistência efetiva da bobina do relé de tensão é muito alta (cerca de 3 000 Ω), um elemento limitador de tensão (Thyrite) é colocado em paralelo com o braço retificador, protegendo-o. Ainda um relé de sobrecorrente, em série com o elemento limitador de tensão, provê alta velocidade de operação para faltas na barra envolvendo correntes de alta magnitude (seu picape é fixado alto para evitar operação para falta externa).

12.3.5 PROTEÇÃO DIFERENCIAL COMBINADA

Dependendo do arranjo encontrado, podem ser combinadas as proteções de barra e transformador (Fig. 12.4). É evidente contudo, certas desvantagens resultantes da economia conseguida.

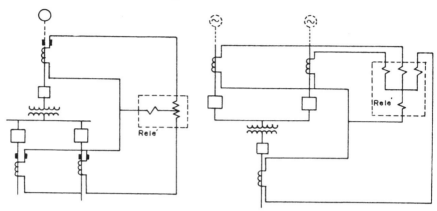

FIGURA 12.4 Proteção diferencial combinada barra-transformador

12.4 Proteção de retaguarda

É a mais antiga forma de proteção de barra; ela é feita pelos relés distantes dos circuitos alimentadores da própria barra (Fig. 12.5); ou seja, a barra é incluída dentro da zona de proteção de retaguarda desses relés. É proteção lenta, por exemplo, atuada pela segunda zona dos relés de distância.

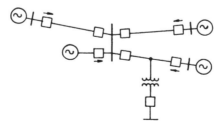

FIGURA 12.5 Proteção de retaguarda de barramento

12.5 Proteção de massa ou dispersão pela carcaça

Nesta forma de proteção a estrutura de suporte do barramento e seu equipamento de manobra é isolado da terra, exceto através do primário de um TC

cujo secundário alimenta um relé de sobrecorrente instantâneo, sempre que ocorre uma falta à terra da barra ou seu equipamento associado (Fig. 12.6).
É usada especialmente nos barramentos de subestações externas, do tipo blindado, em armários (*metal-clad switchgear*).
O relé de sobrecorrente atua sobre um relé auxiliar que, por sua vez, atua sobre todos os disjuntores ligados à barra.

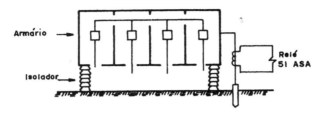

FIGURA 12.6 Proteção massa-cuba de barramento em armários metálicos

12.6 Proteção por comparação direcional

Durante um falta interna a energia flui na direção da barra em todos os circuitos a ela conectados; durante uma falta externa o fluxo é para a barra em todos os circuitos exceto no alimentador faltoso.

Baseado nisso, alguns esquemas são usuais. No entanto, o esquema de comparação direcional é de difícil aplicação em grandes sistemas, especialmente em redes de cabos (efeito capacitivo comparável com o valor da mínima corrente de falta à terra), quando é necessária a restrição por tensão ou por meio de relés direcionais de seqüência negativa (menos afetados, pois a corrente capacitiva dos cabos tem pequeno conteúdo de seqüência negativa).

12.7 Aplicações sobre proteção de barra

PROBLEMA. No esquema a seguir a proteção de barras de 69 kV é feita por meio de um relé de tensão, tipo PVD11C da General Electric, ligado diferencialmente. Todos os disjuntores são do tipo FK-439-69-1 500, cujas características são:

capacidade contínua de corrente, 1 200 A;
capacidade de interrupção máxima, 14 500 A;
TC tipo bucha, com $N = 240$ espiras no secundário, $E_s = 300$ V para $I_E = 0,06$ A (ponto-de-joelho), $R_S = 1,09\ \Omega$ (a 95°), curva de excitação — anexa.

Pede-se ajustar o relé (unidades 87L e 87H) para não-operação com a falta externa indicada, bem como calcular a mínima corrente primária capaz de operar o relé no caso de uma falta interna, sabendo que a resistência medida da fiação é $R_L = 0,51\ \Omega$.

SOLUÇÃO

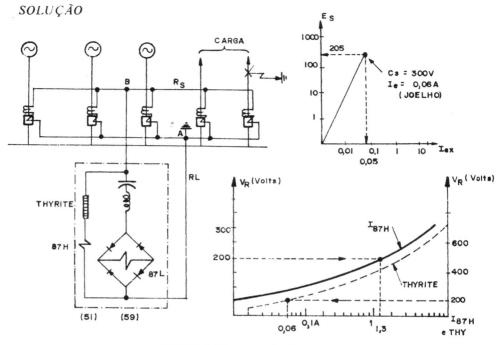

FIGURA 12.7 Proteção de barras

a) Ajuste da unidade de tensão (87L)

O catálogo do fabricante indica o ajuste da unidade de alta impedância, como segue:

$$V_R = 2(R_s + R_L)\frac{I_F}{N},$$

onde

V_R, ajuste de picape da unidade 87L (volts);
R_s, resistência do enrolamento secundário do TC, e da fiação até a junção B (ohms);
R_L, resistência da fiação desde o ponto de junção (B), suposto no TC mais distante, até o relé (usar R_L para faltas entre fases e $2R_L$ para falta à terra), em ohms;
I_F, máxima corrente de falta externa (calcular a falta trifásica e a fase-terra; na ausência de cálculo, adotar a máxima capacidade de rutura do disjuntor), em ampères;
N, número de espiras do enrolamento secundário do TC, ou seja, relação de transformação do TC tipo bucha;
2, multiplicador usado como fator de segurança.

Proteção de barramentos　　　　　　　　　**167**

Resulta, pois,

$$V_R = 2(1,09 + 0,51)\frac{14\,500}{240} = 205\text{ V} \qquad \text{(abaixo do joelho!)}.$$

Como $V_R < 300$ V, está correta a especificação do relé PVD11, segundo o catálogo, e que tem ajustes 75/300 V (60 Hz).

b) Ajustes da unidade de corrente (87H)

Entrando com V_R na curva do relé, vide catálogo, conclui-se que um ajuste de 1,3 A na unidade 87H seria seguro. Como o ajuste mínimo do relé é 2 A. usa-se este ajuste (o relé admite ajustes 2/50 A, em 60 Hz).

Notar que se $V_R > 350$ V, seria usada outra curva dada no catálogo do fabricante.

c) Cálculo da mínima falta interna capaz de operar o relé (I_{min})

O catálogo indica o seguinte cálculo

$$I_{min} = (\Sigma I_e + I_r + I_l)N \qquad \text{(ampères)},$$

onde

ΣI_e, somatório das correntes de excitação (I_e) dos TC, correspondente ao valor V_R já calculado (se todos os x disjuntores são iguais, vem $x \cdot I_e$) e, no caso, para $V_R = 205$ V vem $I_e = 0,05$ A e há $x = 5$ disjuntores;

I_r　= $V_R/2\,600$, corrente na unidade 87L (circuito ressonante), em ampères, conforme o catálogo;

I_l,　corrente no limitador (Thyrite), em função de V_R; no caso, $I_l = 0,06$ A (veja a curva no catálogo).

Logo,

$$I_{min} = \left(x \cdot I_e + \frac{V_R}{2\,600} + I_l\right)N = \left(5 \times 0,05 + \frac{205}{2\,600} + 0,06\right)240 = 93\text{ A}.$$

Essa é, pois, a sensibilidade do relé.

CAPÍTULO 13

PROTEÇÃO DE LINHAS

Uma proteção de linhas deve garantir que todo defeito seja eliminado tão rapidamente quanto possível, sendo também desligada uma única seção, de mínima extensão possível.

Os defeitos mais importantes a eliminar são os curto-circuitos entre fases e à terra.

Entre os múltiplos sistemas de proteção possíveis, alguns constituem hoje soluções-padrão nos vários tipos de redes.

Assim, uma classificação grosseira das redes, pode ser feita com base na tensão:

rede ou linha de transmissão – acima de 69 kV, fornecendo em grosso;
rede de subtransmissão – entre 13,8 e 115 kV, fornecendo a granel;
rede de distribuição – entre 2,2 e 34,5 kV, fornecendo a granel aos consumidores diversos.

Na proteção de linhas são usadas diversas classes de relés; em ordem crescente de complexidade podem-se citar relés de sobrecorrente instantâneos, relés de sobrecorrente de tempo inverso e/ou definido, relés de sobrecorrente direcionais, relés de balanço de corrente, relés de distância e relés piloto (fio piloto, onda portadora e microonda). Ou seja, basicamente há proteção com relés de sobrecorrente e de distância.

13.1 Proteção de sobrecorrente

O releamento de sobrecorrente é o mais simples e mais barato, porém, é o mais difícil de se aplicar e também aquele que mais rapidamente requer reajustes, ou mesmo substituição, à medida que o sistema é modificado. É usado basicamente para proteção de falta fase e terra em circuitos de distribuição de concessionários e sistemas industriais, e em circuitos de subtransmissão onde a proteção de distância não possa ser justificada economicamente.

Como proteção de falta à terra, no entanto, esse tipo de releamento é usado até mesmo em linhas de transmissão (que usam relés de distância como proteção de fase); é ainda usado como proteção de retaguarda em linhas cuja proteção primária é feita por fio piloto, por exemplo.

Proteção de linhas 169

Ainda é muito empregado também em subestações, para proteção de retaguarda contra faltas externas.

A proteção de sobrecorrente costuma envolver dois ou três relés de fase e um de terra, e tem curvas tempo-corrente de formas diversas, atendendo usos específicos.

13.1.1 CURVAS TEMPO-CORRENTE

A proteção instantânea de sobrecorrente (3 Hz ou menos) é utilizada comumente para suplementar a proteção de tempo inverso.

O tempo de operação das unidades de sobrecorrente-tempo varia com a magnitude da corrente. Dessa forma, há dois ajustes a serem feitos:

a) picape — (corrente mínima capaz de iniciar o movimento do sistema portador do contato móvel) — ajustado por meio de tapes de derivação na bobina de corrente.

b) alavanca de tempo (DT) — estabelece a distância entre os contatos fixo e móvel, determinando o tempo de operação para um dado tape e magnitude da corrente.

As características de resposta dos relés de sobrecorrente são locadas em função de tempo (segundos) *versus* múltiplos da corrente de tape, para cada posição da alavanca de tempo. Há, pois, uma família de curvas, cujas declividades mais usuais são denominadas, por exemplo:

tempo mínimo definido (tipo CO-6, Westinghouse);
tempo moderadamente inverso (CO-7);
tempo inverso (CO-8);
tempo muito inverso (CO-9);
tempo extremamente inverso (CO-11).

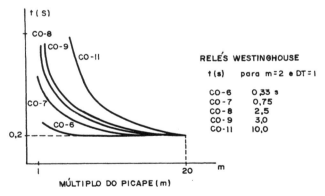

FIGURA 13.1 Declividade das curvas tempo-corrente

Se um tempo comum (0,2 s) for escolhido para múltiplo de tape igual a 20, os tempos de operação, para $m = 2$, serão respectivamente: 0,33; 0,75; 2,5; 3,0 e 10 s para os relés da série CO da Westinghouse (veja a Fig. 13.1). A Fig. 13.2 mostra a família de curvas para o relé CO-8 da Westinghouse, a título de exemplo.

Na técnica européia, principalmente, há ainda uma característica denominada *tempo definido*, semelhante à do CO-6, e constante de uma reta paralela ao eixo horizontal e outra perpendicular, indicando que o relé opera com tempo definido, uma vez atingida a corrente de ajuste.

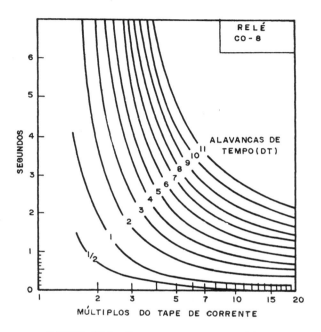

FIGURA 13.2 Curvas tempo-corrente típicas

Quanto ao uso típico das declividades, citam-se:

a) tempo definido — em pequenos sistemas, onde a geração pode variar consideravelmente;

b) tempo inverso — em sistemas industriais (partida de grandes motores) e mesmo de concessionários (redes em anel; proteção de terra; proteção de retaguarda, etc.);

c) tempo extremamente inverso — em subsistemas de distribuição onde há necessidade de coordenação com fusíveis, bem como problemas de "carga fria" (restauração do sistema após longa desenergização).

13.1.2 PRINCÍPIOS DE AJUSTE E COORDENAÇÃO

Há três maneiras disponíveis para obtenção de operação seletiva do releamento:

a) magnitude da grandeza medida (isto é, a corrente é máxima no ponto de falta);

b) temporização da atuação;

c) direção do fluxo da corrente de falta.

Proteção de linhas **171**

13.1.2.1 Aplicação da unidade direcional

Denominemos *corrente positiva* (I_{pos}) a corrente na direção fonte-carga, e *corrente negativa* (I_{neg}) a de sentido oposto ou de retroalimentação.

Nesse caso, haverá necessidade de discriminação direcional em um ponto do sistema sempre que for empregada:

proteção instantânea, se $I_{neg} > 0,8 I_{pos}$;

proteção temporizada, se $I_{neg} > 0,25 I_{pos}$.

Ou seja, o critério básico para determinar onde deve ser usada uma unidade direcional é que *se a falta na direção de não-atuação torna-se mais crítica para o ajuste do relé do que a falta na direção de atuação, a unidade direcional deve ser usada.*

13.1.2.2 Ajuste da unidade instantânea

Costuma ser ajustada entre 125-135% da máxima corrente simétrica de falta aplicada no extremo afastado do trecho a proteger, ou seja, no início do trecho seguinte (falta trifásica para relés de fase).

13.1.2.3 Ajuste da unidade temporizada

Ajusta-se o tape do relé de fase para cerca de 1,5 até o dobro da corrente de plena carga (já considerada a sobrecarga permissível). Caso seja usada uma unidade direcional, e a corrente de carga na direção de não-atuação, ajusta-se o tape tal que não seja excedido o regime nominal do relé.

Ajusta-se o tape do relé de terra para cerca de 10-30% da corrente de plena carga, ou como a experiência aconselhar alterar.

A posição da alavanca de tempo (DT) deve ser escolhida de tal forma que o relé, uma vez ajustado, não atue para faltas nas partes adjacentes do sistema antes que os relés adjacentes tenham tido oportunidade de operar.

O intervalo de tempo de coordenação entre a atuação de dois relés, chamado degrau de temporização, deve ser suficiente para acomodar:

tempo de operação do disjuntor (0,1 s para disjuntor de 6 Hz);

sobrepercurso do relé (0,1 s usualmente);

erros devidos ao cálculo das correntes de falta, do ajuste do relé e da transformação da corrente.

Na prática, é da ordem de 0,4 s (entre 0,3-0,5 s).

13.1.2.4 Locação e valor da corrente de falta

A seleção das localizações de falta e condições do sistema para cálculo da corrente de defeito é uma poderosa chave no sucesso da coordenação. Consideremos o esquema da Fig. 13.3.

Com relação ao ajuste do relé 1, são importantes as locações:

falta n.º 1, ou de extremidade próxima;

falta n.º 2, ou do relé adjacente;

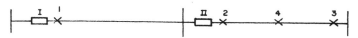

FIGURA 13.3 Locações típicas de corrente de falta

falta n.° 3, ou do relé de extremo adjacente;
falta n.° 4, ou no extremo do alcance do instantâneo do relé adjacente.

As condições-chave do sistema são:

máxima geração (serve para ajuste do DT);
mínima geração (serve para testar desempenho da proteção de retaguarda);
anormal arranjo de linhas para o qual a coordenação ainda é requerida.

Usando as correntes de falta trifásicas para coordenação, deve ser lembrado que as correntes fase-fase são cerca de 86% daqueles valores ($I_{FF} \simeq \sqrt{3/2}\,I_{3\phi}$). Usam-se geralmente as impedâncias transitórias (X'_d) para o cálculo do curto-circuito.

A melhor técnica é o uso de três relés de fase e um de neutro (este vendo a corrente residual), com ajustes como antes indicado, e tendo unidades de tempo inverso e instantâneos devidamente coordenadas em cascata.

13.1.2.5 Filosofia dos ajustes

Há dois passos básicos no ajuste:

fixação do picape do relé;
ajuste da alavanca de temporização (DT).

a) O primeiro passo, pois, é escolher o picape do relé tal que:

i) o relé opere para curto-circuitos na sua própria linha;
ii) garanta proteção de retaguarda para curto-circuitos em elementos imediatamente adjacentes do sistema, sob certas circunstâncias.

Por exemplo, se o elemento adjacente é uma seção de linha, o relé é ajustado para atuar sob uma corrente um pouco menor do que a que ele recebe para um curto-circuito no extremo afastado desta adjacente seção de linha, sob condição de geração mínima, ou outra seção partindo da mesma barra e que fizesse a menor corrente fluir na locação do relé que está sendo ajustado. A Fig. 13.4 ilustra isso.

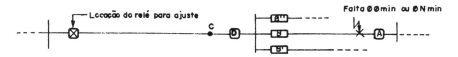

FIGURA 13.4 Ajuste da proteção de retaguarda

Para um relé de fase, a falta fase-fase ($=\sqrt{3/2}\,I_{3\phi}$) sob geração mínima é escolhida (salvo risco de operar sob condição de carga máxima); para um relé de terra, a falta fase-terra é adotada.

Proteção de linhas

Quanto à consideração ou não da resistência de arco, é usual considerá-la para ajuste das unidades de tempo inverso, e não usar para ajuste das unidades instantâneas. Também a indução mútua de linhas paralelas deve ser considerada para as faltas fase-terra.

b) O segundo passo no ajuste dos relés de sobrecorrente de tempo inverso é ajustar a temporização (DT) para obtenção de seletividade com os relés dos elementos imediatamente adjacentes do sistema. Nesse caso, o ajuste deve ser para a condição de máxima corrente que pode fluir na locação do relé; ou seja, na Fig. 13.5, para um curto-circuito ocorrendo justamente além do disjuntor (2) do elemento adjacente. Para ajuste do relé de fase, adotar a falta trifásica, e para o relé de terra adotar a falta fase-terra, ambas sob condição de geração máxima.

FIGURA 13.5 Ajuste da temporização

Outro aspecto a considerar no segundo passo é o degrau de temporização entre relés em cascata: é usual adotar-se 0,4 s, para plano de manutenção normal. Na cascata, começa-se de jusante (relé mais distante da fonte) para montante, crescendo os tempos de atuação de degrau em degrau.

13.1.2.6 *Resistência de terra e de arco*

É clássico calcular-se a resistência de arco pela fórmula de Warrington:

$$R_{arco} = \frac{8\,750 L}{I^{1,4}} \quad \text{(ohms)},$$

onde

I, valor eficaz da corrente no arco (ampères), abaixo de 1 000 A;
L, comprimento do arco (pés).

Se há condição de vento

$$L = 3vt + L_0,$$

onde

v, velocidade do vento transversal (milhas/hora);
t, tempo após início do arco (segundos);
L_0, comprimento inicial do arco (pés), isto é, a mais curta distância entre condutores ou através dos isoladores.

Um dado referente a um sistema de alta-tensão (132-400 kV), mostra que, em valores primários, a resistência de arco para faltas entre fases é da ordem de 2 Ω, e para falta fase-terra cerca de 0,7 Ω. Na ausência de cabos-terra ou para altas resistências de pé-de-torre, valores acima de 5 Ω são comuns, podendo ser muito maiores se o solo for seco ou rochoso. Assim, com relação à influência da resistência de terra, variando em largos limites, a solução é a medida direta no local considerado. Na prática, em primeira instância, pode ser desprezada essa consideração.

13.1.2.7 Efeito dos circuitos em anel

Nas redes modernas os anéis constituirão a regra geral, enquanto as linhas radiais serão as exceções previstas. No entanto, por dificuldades de ajuste, muitas vezes a configuração da rede é em anel, mas opera como radial (disjuntor aberto, salvo em emergência).

Em geral o ajuste é feito por tentativas e a idéia geral, em um caso simples como o da Fig. 13.6 (geração única), é usar unidades direcionais em cadeia dupla, alternando os relés, salvo aqueles junto à fonte e que não precisam ser direcionais.

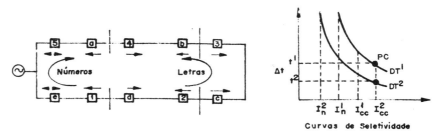

FIGURA 13.6   Proteção do sistema em anel

13.1.2.8 Uso das unidades instantâneas

Relés de sobrecorrente instantâneos são aplicáveis sempre que a magnitude da corrente de falta sob condição de geração máxima triplica à medida que a posição da falta desloca-se do extremo da linha para a locação do relé. Ou seja, se existe impedância ponderável entre os extremos do trecho protegido. Por exemplo, um transformador. Caso contrário, isto é, se o relé "vê" praticamente a mesma impedância para defeito no início e no fim da linha, não adianta colocar duas unidades instantâneas em série: pode-se bloquear a mais próxima da fonte, já que não haveria discriminação entre elas. A Fig. 13.7 esclarece.

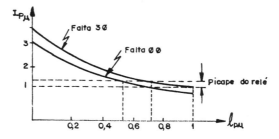

FIGURA 13.7   Ajuste da unidade instantânea

O picape do relé instantâneo mostra-se ser 25% maior que a magnitude da corrente para uma falta trifásica no extremo da linha; o relé não deveria operar sob muito menos corrente sob pena de sobrealcance em caso de correntes de

Proteção de linhas 175

defeito deslocadas. A Fig. 13.7 mostra que o relé operará para faltas trifásicas até cerca de 70% do comprimento da linha e 55% para faltas fase-fase.

Como vantagem, as unidades instantâneas reduzem o tempo de operação para a maioria das faltas sob baixo custo adicional.

13.1.2.9 Disparo por meio de corrente alternada ou por capacitor

Algumas instalações, particularmente sistemas de distribuição, não podem justificar a aquisição e manutenção de baterias e seu equipamento de carregamento unicamente para uso do equipamento de proteção de um ou dois circuitos. Assim, o disparo por meio de corrente alternada pode ser usado.

Um tipo de disparo por meio de corrente alternada utiliza um reator que fica ligado permanentemente em série com a bobina de cada relé de sobrecorrente no circuito secundário do TC. O disjuntor tem uma bobina de disparo independente para cada relé. É preciso que a queda de tensão através do reator seja suficientemente alta, durante o curto-circuito, para atuar o mecanismo de disparo se o relé fechou o contato ($I_{cc} > I_n$). A Fig. 13.8(a) ilustra o método.

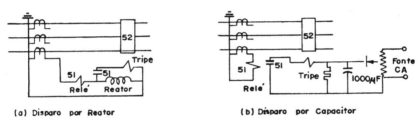

FIGURA 13.8 Disparo do disjuntor por CA

O disparo por capacitor, outra modalidade usada, utiliza a energia armazenada em um capacitor permanentemente carregado para atuar o mecanismo da bobina de disparo. É método melhor que o anterior, mas fornece apenas um impulso e não uma força permanente como aquele [Fig. 13.8(b)].

13.1.2.10 Aplicações sobre proteção de sobrecorrente de linhas

EXEMPLO 1. Um transformador de 20 MVA, trifásico, admitindo sobrecarga de 30%, alimenta um barramento de 11 kV através de um disjuntor. Do barramento, através de disjuntores, saem vários alimentadores. Os TC do transformador (52-2) e alimentadores (52-1) têm relações 1 000/5 A e 400/5 A, respectivamente, e alimentam relés de sobrecorrente tipo CO-8, da Westinghouse (tapes disponíveis 4, 5, 6, 8, 10, 12 e 16 A), cuja curva tempo-corrente é conhecida (Fig. 13.2). O relé do alimentador mais carregado (51-1), onde ocorre um defeito trifásico de 5 000 A, está regulado para $1,25 I_n \times 0,3$ s. Usando um degrau de tempo de 0,5 s entre os relés em cascata, pede-se calcular os demais ajustes da proteção.

SOLUÇÃO. O esquema-base é o da Fig. 13.9.

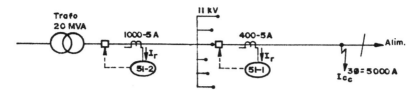

FIGURA 13.9   Exemplo de ajuste de relés de sobrecorrente

A corrente de sobrecarga no transformador é

$$In_T = 1,3 \frac{P}{\sqrt{3}\,U} = 1,3 \frac{20\,000}{\sqrt{3} \times 11} = 1\,360 \text{ A},$$

e a corrente nominal no secundário do relé do transformador é

$$I_{rnT} = \frac{I_{nT}}{RTC} = \frac{1\,360}{1\,000/5} = 6,81 \text{ A}.$$

Logo, o relé 51-2 deve ser ajustado no tape 8 A.

Para a corrente de defeito de 5 000 A, passa no relé 51-2:

$$I_{rccT} = \frac{I_{ccT}}{RTC} = \frac{5\,000}{1\,000/5} = 25 \text{ A}.$$

A isso corresponde um múltiplo do tape para o relé 51-2:

$$m_T = \frac{I_{rccT}}{\text{tape 51-2}} = \frac{25}{8} = 3,12 \text{ A}.$$

O tempo de operação do relé 51-2, será o correspondente ao tempo ajustado do relé 51-1, adicionado ao degrau de temporização fixado:

$$t_{51-2} = 0,3 + 0,5 = 0,8 \text{ s}.$$

Entrando nas curvas do relé CO-8, com $t = 0,8$ e $m = 3,12$, tira-se o ajuste da alavanca de tempo:

$$DT_T = 1.$$

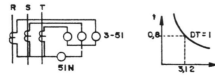

FIGURA 13.10   Ajuste de relés de sobrecorrente

Logo, o ajuste do relé 51-2 é

$$\text{tape} = 8 \text{ A} \quad \text{e} \quad DT = 1.$$

Proteção de linhas **177**

Para o alimentador, como não sabemos a distribuição de carga exata, usamos o regime do TC. Então, se o relé está ajustado para $1,25 I_n$, resulta a corrente vista pelo relé 51-1:

$$I_{r51-1} = 1,25 \times 5 = 6,25 \text{ A}.$$

Logo, o tape será

$$\text{tape}_{51-2} = 8 \text{ A}.$$

A corrente de defeito é "vista" pelo relé 51-1, como

$$I_{rcc51-1} = \frac{I_{cc}}{RTC} = \frac{5\,000}{400/5} = 62,5 \text{ A},$$

que corresponde a um múltiplo de tape:

$$m = \frac{I_{rcc}}{\text{tape}} = \frac{62,5}{8} = 7,8.$$

Logo, entrando nas curvas do relé CO-8, com $t = 0,3$ s e $m = 7,8$, resulta o ajuste para a alavanca de tempo:

$$DT = 1.$$

Então, o ajuste do relé 51-1 será

$$\text{tape} = 8 \text{ A} \quad \text{e} \quad DT = 1.$$

Observação. A proteção e coordenação contra faltas à terra (relé 51N) é feita analogamente, sendo o ajuste do relé de terra feito, por exemplo, para $0,1$-$0,3 I_n$ (sempre inferior a I_n). Como exercício, sugere-se ajustar relés de terra (tapes de 0,5; 0,6; 0,8; 1,0; 1,5; 2,0; 2,5 A) do tipo CO-8, para corrente de falta à terra de 850 A, ajuste para $0,3 I_n$, adotando os mesmos TC. Comentar o resultado.

EXEMPLO 2. No esquema unifilar da Fig. 13.11, a linha de transmissão *A-B*, 88 kV, 31 km de comprimento, tem impedância 0,5 Ω/km. O gerador *G*, representando o equivalente do sistema, tem $X_d'' = 0,10$ pu na base de 100 MVA e 88 kV. A subestação abaixadora *B*, de 88/3,8 kV tem três transformadores de 12 MVA cada, e a subestação abaixadora *C*, de 88/13,2 kV tem três transformadores de 8 MVA cada. O disjuntor 52 é para 600 A e tem TC nas buchas com relações 120/100/60:1 A. A unidade temporizada do relé de sobrecorrente (51) de fase tem tapes de 4, 5, 6, 8, 10, 16 A, enquanto a unidade instantânea (50) é regulada continuamente entre 4-100 A.

Pede-se calcular:

a) a relação em que o transformador de corrente do disjuntor da barra *A* deverá ser ligado;
b) o tape da unidade temporizada do relé 51 da barra *A*;
c) a alavanca ou dispositivo de tempo do relé 51 da barra *A*;
d) a graduação da unidade instantânea do relé 50 da barra *A*.

Sabe-se ainda que:

i) o relé temporizado da barra B, para um curto-circuito trifásico nessa barra, opera em 20 ciclos;
ii) o tempo de abertura do disjuntor da barra B é de 5 ciclos;
iii) deve-se considerar uma margem de tempo de 20 ciclos para a graduação do relé 51 da barra A;
iv) o relé de sobrecorrente é do tipo CO-8 da Westinghouse (Fig. 13.2)

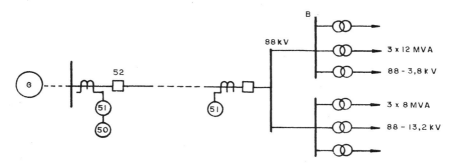

FIGURA 13.11 Segundo exemplo de sobrecorrente

SOLUÇÃO

a) Escolha da RTC do disjuntor 52-A

A carga total máxima que pode passar no disjuntor é de

$$3 \times 12 + 3 \times 8 = 60 \, MVA,$$

$$I_n = \frac{P}{\sqrt{3}\,U} = \frac{60\,000}{\sqrt{3} \times 88} = 395 \, A.$$

Logo, escolhe-se a relação $RTC = 100{:}1$ ou 500-5A.

b) Ajuste de tape do relé 51-A

Sabemos que é preciso ter

$$\frac{I_{cc}}{K} > tape > 1{,}5 \frac{I_n}{RTC},$$

onde $K = 2\text{-}5$, na prática. Então, provisoriamente,

$$tape > 1{,}5 \frac{I_n}{RTC},$$

$$> 1{,}5 \frac{395}{500{:}1} \simeq 5{,}92 \, A,$$

ou

$$tape = 6 \, A.$$

Proteção de linhas

c) Ajuste do *DT* do relé 51-A

Para um defeito na barra do extremo da linha, o relé 51-A deve atuar após uma temporização:

$$t = t_{rB} + t_{52B} + t_s$$
$$= 20 + 5 + 20 = 45 \text{ ciclos} \simeq 0,75 \text{ s.}$$

Calcula-se, pois, a I_{cc} no extremo da linha, e que corresponderá a um certo múltiplo $m \left(m = \dfrac{I_{ccs}}{\text{tape}} \right)$ do tape escolhido. Depois, com m e t, entra-se nas curvas tempo-corrente do relé, e deduz-se o *DT*.

Sabemos que

$$I_{pu} = \frac{E}{X_{pu}} = \frac{E}{X_G + X_{LT}} \qquad (I_{cc\,3\phi}).$$

Como $X_{pu\,G} = 0,10$, resta calcular $X_{pu\,LT}$. Ora,

$$X_{LT} = 31 \text{ km} \times 0,5 \frac{\text{ohm}}{\text{km}} = 15,5 \ \Omega,$$

ou

$$X_{LT(pu)} = X_{LT(ohms)}/\text{ohms-base}$$

e

$$\text{ohm-base} = \frac{kV_b^2 \times 10^3}{kVA_b} = \frac{88^2 \times 10^3}{100\,000} = 77,5 \ \Omega.$$

Logo,

$$X_{LT(pu)} = \frac{15,5}{77,5} = 0,2 \text{ pu,}$$

$$I_{pu} = \frac{E}{X_G + X_{LT}} = \frac{1}{0,1 + 0,2} = 3,33 \text{ pu,}$$

ou

$$I_{cc} = I_{pu} \times I_{base} = I_{pu} \frac{P_b}{\sqrt{3}\, U_b},$$

$$I_{cc} = 3,33 \times \frac{100\,000}{\sqrt{3} \times 88} = 3,33 \times 658 = 2\,200 \text{ A.}$$

Então, no secundário do *TC* ter-se-á

$$I_{ccs} = \frac{I_{cc}}{RTC} = \frac{2\,200}{100} = 22 \text{ A.}$$

O múltiplo correspondente é

$$m = \frac{I_{ccs}}{\text{tape}} = \frac{22}{6} \simeq 3,65.$$

Entrando, pois, na Fig. 13.2, com $m = 3,65$ e $t = 0,75$ s, resulta $DT = 1,5$.
    Como última verificação devemos constatar se

$$\text{tape} < \frac{I_{ccs}}{K} = \frac{22}{2 \text{ a } 5} = 11 \text{ a } 5 \text{ A.}$$

Logo, é razoável o tape $= 6$ A escolhido.

180
Introdução à proteção dos sistemas elétricos

d) Ajuste da unidade instantânea

Sabemos que ela deve operar usualmente para curto-circuitos trifásicos (assimétricos) até 80% da linha, ou seja,

$$80\% I_{cc\,ass} = 80\% \times (1,6 \times 22) = 28,2\,A.$$

Logo, basta regular $I = 28\,A$, por exemplo.

Resumindo, o relé 50-51 em A é regulado para

$$tape = 6\,A, \quad DT = 1,5 \quad e \quad I = 28\,A.$$

13.2 Proteção de distância

Para as redes de alta e muito alta-tensão, bem como para as redes de média--tensão em malha e com alimentação multilateral, a proteção de distância tornou-se padrão, já há muitos anos atrás. De fato, além de garantir tempos de desligamento curtos, em caso de defeito no trecho protegido, garante ainda a proteção das barras e linhas vizinhas em tempo curto usando as demais zonas de ajuste disponíveis. É além disso, independente de fios piloto entre as extremidades. Em resumo, trata-se de uma proteção temporizada em que o escalonamento é também função da impedância ao invés da corrente apenas.

Realmente, como foi afirmado precedentemente o mais positivo e confiável tipo de proteção compara a corrente entrando no circuito com a corrente que dele sai. No entanto, em linhas de transmissão e alimentadores não só o comprimento, como a tensão ou o arranjo da linha, freqüentemente tornam este princípio antieconômico. Assim, um relé de distância ao invés de comparar a corrente de linha no local do relé com a corrente no extremo do trecho protegido, compara a corrente local com a tensão local na fase correspondente ou suas componentes convenientes.

O releamento de distância deve ser sempre preferido quando o releamento de sobrecorrente revelar-se lento ou não-seletivo. Ademais, relés de distância são menos afetados pela magnitude da corrente de defeito e pela variação da capacidade geradora e configuração do sistema.

13.2.1 PRINCÍPIO DE MEDIDA DA IMPEDÂNCIA

Para uma falta no extremo da linha a tensão no local do relé será a queda Z_1 da linha. Segue-se que a relação da tensão para a corrente para uma falta no extremo afastado, será $V/I = Z$, onde Z é a impedância da linha [Fig. 13.12(a)]. Para uma falta interna (F_i) a seção protegida da linha é $V/I < Z$. Como Z é proporcional ao comprimento da linha entre o relé e a falta, Z é também uma medida da distância à falta, justificando a denominação do relé de distância.

Assim, pode ser visto que a comparação da corrente local com a tensão local é uma alternativa de compará-la com a corrente no extremo afastado. Contudo, isso não é tão exato, porque a tensão varia gradualmente com a locação da falta, enquanto a corrente na extremidade inverte para uma falta além do

Proteção de linhas

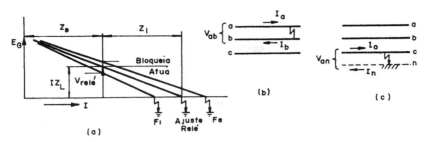

FIGURA 13.12 Princípio da medida dos relés de distância

TC naquele extremo da linha, resultando, pois, uma brusca descontinuidade que torna a seletividade fácil e automática. Por outro lado, veremos que o relé de distância tem outras vantagens, que sobrepujam mesmo essa consideração, tais como a proteção de retaguarda e a eliminação dos canais piloto.

Entrementes, com a finalidade de medir a mesma distância em todas as faltas envolvendo mais de uma fase [Fig. 13.12(b)] o relé de distância compara o potencial entre as duas fases faltosas com a diferença vetorial de suas correntes; por exemplo, para uma falta (b-c), o relé mede $Z_1 = V_{bc}/(I_b - I_c)$, que é a impedância de seqüência positiva da linha entre o relé e a falta.

Similarmente, para faltas fase-terra o relé mede a impedância de uma semelhante malha, agora ao longo do condutor da linha faltosa, passando pela falta e voltando pelo percurso na terra até o neutro do sistema. Assim, para uma falta (c-terra) o relé mede $Z_1 = V_{cn}/(I_c - I_n)$; porém, já que a corrente I_n no percurso pela terra é inacessível, ao relé é dada a corrente equivalente, que é uma função da corrente residual (I_r) do TC, e o relé da fase C mede $V_c/(I_c - KI_r)$, que é também Z_1.

13.2.2 AJUSTE DOS RELÉS DE DISTÂNCIA

O ajuste ôhmico ou alcance do relé, pode ser controlado seja pelo circuito de corrente de operação, pelo circuito de tensão de restrição ou por ambos. Como o potencial decresce do normal durante a falta enquanto a corrente cresce, segue-se que um alto nível de conjugado pode ser obtido com tapes de derivação no circuito de corrente e deixando o circuito de tensão sozinho.

a) O ajuste da primeira zona é feito para

$$Z_s = Z_p \frac{RTC}{RTP} K,$$

onde

Z_s, impedância secundária da linha (ohm);
Z_p, impedância primária da linha (ohm), é da ordem de 0,5 Ω/km ou 0,8 Ω//milha;
RTC e RTP, relação dos transformadores de corrente e tensão, respectivamente (em geral X-5 A e Y-115 V);

K, percentagem da linha a ser coberta ou alcance de cada zona em percentagem do comprimento total (km). Em geral, $K = 0,90$ para a primeira zona.

Se um relé de reatância é usado, calcula-se o ajuste para o valor da reatância ao invés da impedância da linha.

As linhas de transmissão aéreas têm, aproximadamente, os seguintes ângulos de fase (θ) para faltas entre fases (os ângulos de fase para falta à terra dependem do terreno):

kV	11	33	132	275	400
50 Hz	45°	55°	70°	75°	81°
60 Hz	50°	60°	72°	76°	82°

Às vezes Z é dado como impedância ou reatância percentual; então, o valor ôhmico será

$$Z = \frac{10\, \text{kV}^2 \cdot Z\%}{\text{kVA}} \quad \text{(ohm)},$$

onde kV (entre fases) e kVA são as bases de $Z\%$ dado.

A primeira zona não é temporizada.

b) O ajuste da segunda zona deve ser tal que o relé não deve sobrealcançar a primeira zona do relé da seção adjacente. É usual o ajuste para k = 1,20 a 1,50, com temporização até 0,5 s (salvo em linhas multiterminais, a serem analisadas posteriormente).

c) Para a terceira zona, essencialmente de proteção de retaguarda (prevenção de dano ao equipamento e risco do pessoal), o ajuste deve cobrir toda a seção adjacente; a temporização costuma ser da ordem de 1,0 s.

13.2.3 COMPORTAMENTO DA PROTEÇÃO NA PERDA DE SINCRONISMO

Quando um gerador ou mesmo uma usina sai de sincronismo com os demais, todas as ligações entre eles devem ser abertas para manter o serviço e permitir que aqueles geradores perturbados sejam re-sincronizados. Tal separação, no entanto, deve ser feita somente nos locais em que a capacidade de geração e as cargas de cada lado do ponto de separação se ajustem de modo a não haver interrupção do serviço; ou seja, as cargas e geração remanescentes de cada trecho devem equilibrar-se. Os relés de distância podem ser usados nessa função, adicionalmente ao seu papel de proteção de curto-circuito.

Sabemos que em operação normal do sistema o relé de distância "vê" a tensão normal do circuito e a corrente de carga; "vê", pois, uma *impedância de carga* (Z_c) assim determinada:

$$Z_c = 1\,000\, \frac{\text{kV}^2}{\text{kVA}} \cdot \frac{RTC}{RTP} \quad \text{(ohm)}.$$

Proteção de linhas

O extremo do vetor representativo de Z_c no plano R-X, pode cair em qualquer quadrante, dependendo das direções dos fluxos de potência ativa e reativa. Poderia, pois, fazer operar algum relé, caso penetrasse na sua característica representada no plano R-X. Verifica-se pela expressão que Z_c é tanto maior quanto menor a carga; assim, para os casos normais de carga não existe perigo de falsa operação.

No entanto, sob certas condições de operação de um sistema, pode ocorrer a perda de sincronismo entre unidades geradoras, resultante de oscilações do sistema, possíveis por diversas causas.

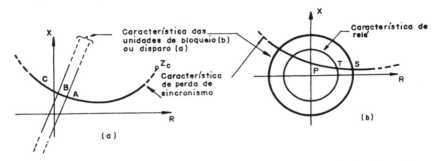

FIGURA 13.13 Princípio da proteção contra oscilações e perda de sincronismo

a) Caso seja necessário ou conveniente separar o sistema em partes, visando a posterior recuperação por re-sincronização, há um método completamente confiável a adotar [veja a Fig. 13.13(a)]. O releamento compreende duas unidades do tipo impedância angular, uma unidade de sobrecorrente e diversos relés auxiliares, ligados a uma só fase (já que o fenômeno é equilibrado). A Fig. 13.13 mostra uma superposição das características das unidades angulares e da característica de perda de sincronismo para uma locação correspondente a uma interligação com a fonte geradora. As unidades angulares dividem o plano em três regiões A, B e C. Quando a impedância de carga (Z_c) varia durante a perda de sincronismo, o ponto representativo desta impedância move-se ao longo da característica da região A para a região B e daí para C, ou de C para B e A, dependendo de qual lado gerador está mais acelerado. Quando o ponto figurativo cruza a característica de operação de uma unidade angular, esta fecha um contato para atuar um relé auxiliar. À medida que o ponto se desloca de uma região para outra, uma cadeia de relés auxiliares permissivos é atuada (uma cadeia em cada direção ABC ou CBA), em seqüência. Se a terceira região é penetrada, o último relé auxiliar atua sobre o disjuntor, promovendo a desejada separação das partes do sistema. A função da unidade de sobrecorrente é impedir o desligamento intempestivo durante os ajustes de paralelismo entre geradores, nas condições de carga normal, e correspondente a pontos diametralmente opostos da característica mostrada na Fig. 13.13. De fato, relativamente pequenas correntes fluem durante esses ajustes de sincronização sob carga leve, se comparado com o alto fluxo de corrente que ocorre se os geradores se colocam em oposição de fase (180°) correspondente à região B. Assim, o picape da unidade de sobre-

184 *Introdução à proteção dos sistemas elétricos*

corrente pode ser escolhido para distinguir entre os ajustes normais e a condição de perda de sincronismo.

A escolha dos permissíveis pontos de separação do sistema, pode ser associada ao uso de um programa denominado *rejeição de carga*, atuado por meio de relés de subfreqüência. É preciso que estes relés sejam calibrados de modo a desligar cargas ou circuitos menos prioritários, quando a separação é feita, antes que ocorra completa perda de sincronismo da geração, com conseqüente perda do sistema global ou parte dele, por desequilíbrio entre geração e carga em cada parte.

b) Entretanto, se por vezes o desligamento é exigido em certas locações, é preciso que somente nelas isso ocorra. Se os relés de distância em quaisquer outros locais apresentam a tendência de atuar, um suplementar equipamento deve ser usado para bloqueá-los, nessa hipótese, bem como durante as oscilações, devidas, por exemplo a curto-circuitos distantes, com vistas à manutenção da estabilidade global do sistema. O método usado, conforme a Fig. 13.13(b), é bastante engenhoso: a seleção baseia-se no fato de que a variação da impedância entre a condição de operação e a condição de curto-circuito é instantânea, ao passo que essa variação durante a perda de sincronismo é lenta. O método usado para reconhecer a diferença consiste em envolver a característica do relé de distância, medindo defeito, com uma característica de relé de bloqueio. Quando o ponto figurativo da carga passa por S, é atuado um temporizador de bloqueio que abre o circuito de disparo do relé de distância; no curto-circuito, no entanto, esse relé auxiliar não tem tempo de atuar, e o relé de distância atua quando o ponto figurativo percorre o trecho TP. Para esse ajuste são muito úteis, imprescindíveis mesmo, as informações obtidas com os aparelhos registradores de eventos (oscilógrafos ou osciloperturbógrafos) que mostram não só a forma das oscilações, como o desempenho da proteção ajustada.

Todos os dados necessários ao estudo das oscilações são obtidos dos programas de cálculo de estabilidade.

13.2.4 EFEITO DE UM CAPACITOR-SÉRIE NAS LINHAS

Um capacitor-série colocado na linha pode contrariar as premissas básicas sobre as quais são baseados os relés de distância e direcionais; isto é, que: (1) a relação da tensão para a corrente na locação do relé é uma medida da distância da falta, e, (2) que as correntes de falta estão aproximadamente em oposição de fase somente para faltas em lados opostos da locação do relé. Em conseqüência, o relé poderia sobrealcançar.

Um capacitor-série introduz uma descontinuidade na relação da tensão para corrente, e particularmente na componente reatância dessa relação, à medida que uma falta seja deslocada da locação do relé na direção do capacitor-série e mesmo além dele. Pode-se visualizar esse efeito, locando-se os pontos de impedância no diagrama R-X [Fig. 13.14(a)]. À medida que a falta é movida do lado do relé em relação ao capacitor, para o outro extremo B, a reatância capacitiva é subtraída da reatância acumulada da linha entre o relé e a falta.

Proteção de linhas

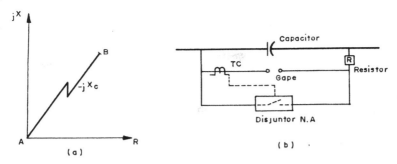

FIGURA 13.14 Proteção de linha com compensação por capacitor-série

Conseqüentemente, a falta pode parecer estar muito mais próxima à locação do relé ou mesmo antes dessa locação.

Uma forma como esses capacitores são usados, minimiza o efeito adverso sobre os relés de distância [Fig. 13.14(b)]. Um único banco é escolhido para compensar não mais que metade da reatância da seção de linha considerada; se mais alto grau de compensação for usado, os capacitores são divididos em dois ou mais bancos localizados em diferentes locais ao longo da linha. Também um *gape*-centelhador de grafite especial, protegido por um resistor, é colocado no banco de modo a centelhar imediatamente quando ocorre uma falta e assim curto-circuitar o banco (a cada meio ciclo um jato de ar extingue o arco) protegendo-o, enquanto circula a corrente de defeito. Em outras palavras: o banco permanece em serviço normalmente, e é curto-circuitado durante a falta, retornando ao serviço tão logo seja eliminado o arco (pouco mais que meio ciclo). Isso elimina, pois, a "falsa impressão" que o capacitor "daria" ao relé de distância.

Embora os capacitores-série constituam um problema adicional para a proteção, sabemos que eles são usados pelas seguintes razões fundamentais:

a) aumentam a estabilidade do sistema: diminuindo a reatância indutiva da linha, permitindo aumentar a potência transferível sobre a mesma;

b) atuam como reguladores automáticos de tensão, atenuando as variações de tensão provenientes das variações lentas ou rápidas da carga;

c) minimizam as perdas ativas, quando vários circuitos operam em paralelo, já que a distribuição das potências é feita inversamente proporcional às resistências dos circuitos;

d) a repentina modificação de um sistema (curto-circuito; desligamentos) provoca oscilações que podem ocasionar a perda da estabilidade, por rápido aumento da impedância de transferência entre as barras receptoras e transmissoras. Com o conveniente chaveamento dos bancos, em tais momentos, pode-se minorar essa alteração de impedância de transferência, garantindo a estabilidade.

13.3 Proteção por meio de releamento piloto

Constitui o melhor tipo de proteção de linha onde é requerida alta velocidade de atuação da proteção com desligamento simultâneo dos disjuntores terminais (isso permite religamento automático de alta velocidade, podendo-se carregar o sistema de transmissão mais proximamente de seu limite de estabilidade, promovendo máximo retorno do investimento). É sistema principalmente usado em linhas multiterminais que complicam o emprego de relés de distância convencionais. Os diversos métodos da chamada "proteção 100%" do trecho de linha são discutidos em cursos mais avançados. É ainda usado quando as linhas são muito curtas para usar o relé de distância (alto erro de medida), ou quando cargas críticas requerem alta-velocidade de desligamento. É pois, usado tanto em transmissão como em distribuição.

13.3.1 RELEAMENTO COM FIO PILOTO

É usado em circuitos de baixa-tensão e nos de alta-tensão quando o sistema *carrier* ou de onda portadora não for econômico. É também usado na proteção de cabos de energia de alta atenuação. Em resumo, em linhas curtas (até 20 milhas) é o mais econômico dos releamentos de alta velocidade. Sua desvantagem principal é a exposição dos fios piloto; além disso, não provê intrínseca proteção de retaguarda.

13.3.2 RELEAMENTO *CARRIER* OU DE ONDA PORTADORA

É o melhor e o mais usado tipo de releamento em linhas de alta-tensão (a partir de 34,5 kV). Consiste inteiramente em equipamento-terminal, sob completo controle do usuário; logo, muito confiável. Além disso, pode prestar outros serviços: telefone, desligamento remoto, etc.

Há dois tipos básicos desse releamento: por comparação de fases; por comparação direcional, mais largamente usado, inclusive aceitando linhas multiterminais mais facilmente.

13.3.3 RELEAMENTO POR MICROONDA

É um sistema-rádio que exige visibilidade direta entre as torres repetidoras; é completamente dissociado da linha de transmissão, sem os problemas de atenuações que afetam o *carrier* nos cabos de energia. É bastante mais oneroso, justificando-se onde os outros sistemas não são aplicáveis, e principalmente se outros serviços são exigidos (telecomunicações, telecomando, telemedição, além da teleproteção).

13.4 Aplicações de proteção com relés de distância

EXEMPLO 1. Deseja-se proteger o trecho AB de uma linha de transmissão ABC de 154 kV, sabendo-se que o primeiro trecho representa uma impedância

Proteção de linhas **187**

de $(1,61 + j6)\%$ na base de 50 MVA, e o trecho subseqüente tem impedância de $(2,68 + j10)\%$ na mesma base, usando-se relés tipo GCX da General Electric, alimentados por TC de relação 300-5 A.

Pede-se os ajustes dos relés de fase correspondentes de acordo com as instruções do catálogo do fabricante.

SOLUÇÃO. Trata-se de um relé de distância composto de duas unidades de reatância (zonas I e II) e uma unidade mho (zona III, direcional), além de uma unidade de temporização. Os alcances mínimo e máximo são dados na Tab. 13.1. A resposta das unidades, para fins de escolha dos tapes, é mostrada na Fig. 13.15.

TABELA 13.1 Relé GCX

Unidade	Modelo do alcance	Alcance mínimo (ohm) X_{min} ou Z_{min}	Faixa de alcance (ohm) X_s; Z_s	Ângulo de C_{max} (τ)
Reatância	Padrão	0,25; 0,50; 1,00	0,25 a 10	—
	curto	0,10; 0,20; 0,40	0,10 a 4	—
Mho	Padrão	2,50	2,50 a 10	60 a 70°
	curto	1,00	1,00 a 4	60 a 70°

a) Cálculo da reatância primária fase-neutro (ohms), da primeira seção da linha (zona I).

$$X_{p1} = \frac{10 \cdot kV_b^2}{kVA_b} \cdot X\% = \frac{10 \times 154^2}{50\,000} \times 6 = 28,5\,\Omega.$$

b) Cálculo da reatância secundária fase-neutro vista pelo relé instalado no início do primeiro trecho.

$$X_{S1} = X_{p1} \frac{RTC}{RTP} = 28,5 \frac{300/5}{154\,000/115} = 1,3\,\Omega.$$

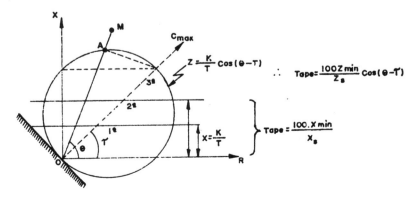

FIGURA 13.15 Exemplo de ajuste de relé de distância tipo GCX da G.E.

188 *Introdução à proteção dos sistemas elétricos*

Supondo a zona I cobrindo $K = 90\%$ da seção, vem

$$X_S = 0,90 \cdot X_{S1} = 0,90 \times 1,3 = 1,17\,\Omega.$$

Essa reatância *cabe* na faixa de alcance do relé $(0,25\text{-}10\,\Omega)$; além disso e pela recomendação do fabricante, escolhe-se o maior X_{min} tabelado, e menor que X_S calculado; seja $X_{min} = 1,0$ no alcance padrão (seu emprego é usual). Logo, o tape do primeiro trecho será ajustado para, aproximadamente,

$$T_I = \frac{100 \cdot X_{min}}{X_{S1}} = \frac{1,00}{1,17} \times 100 = 85,5\%,$$

ou seja, para o tape 86% (ajustes a cada 1% são disponíveis no relé).

c) Cálculo do ajuste para a segunda seção (zona II).

Analogamente, calcula-se para a reatância de 10%:

$$X_{S2} = \frac{10\,\text{kV}_b^2}{\text{kVA}_b} \cdot X\% \cdot \frac{RTC}{RTP} = \frac{10 \times 154^2}{50\,000} \times 10 \times \frac{60}{1\,340} = 2,17\,\Omega.$$

Admitindo que a zona II cobrirá até 50% da segunda seção e adotando $X_{min} = 1$, conforme instruções, o tape será

$$T_{II} = \frac{100 X_{min}}{X_{S1} + 0,5 X_{S2}} = \frac{1,0}{1,3 + 0,5 \times 2,17} \times 100 = 42\%,$$

ou seja, o tape 42% é escolhido.

d) Cálculo do ajuste para a terceira seção (zona III).

O ângulo ·de impedância da linha é calculado a partir de

$$Z = (1,6 + j6) + (2,68 + j10) = 16,6\underline{/75},$$

ou seja,

$$\theta = 75°.$$

Também

$$Z_{S3} = \frac{10\,\text{kV}_b^2}{\text{MVA}_b} \cdot Z\% \cdot \frac{RTC}{RTP} = \frac{10 \times 154^2}{50\,000} \times 16,6 \times \frac{60}{1\,340} = 3,53\underline{/75}\,\Omega.$$

Supondo que a terceira zona alcançará pelo menos 10% da terceira seção (desconhecida, no caso), e escolhendo na tabela o ângulo de conjugado máximo $\tau = 60°$ (para melhor acomodação da resistência de arco voltaico) e o $Z_{min} = 2,5$ da unidade padrão, resulta o tape para a zona III:

$$T_{III} = \frac{100 \cdot Z_{min} \cdot \cos(\theta - \tau)}{1,1 Z_{S3}} = \frac{100 \times 2,5 \times \cos(75 - 60)}{1,1 \times 3,53} = 62,1\%,$$

ou seja, escolhe-se o tape 62%.

Em resumo, serão escolhidos para as zonas I, II e III, respectivamente, os tapes 85%, 42% e 62%.

Proteção de linhas

189

EXEMPLO 2. Um relé de distância tipo R3Z27 da Siemens instalado em A, conforme a Fig. 13.16, deverá proteger o primeiro trecho da linha indicada, sentido de atuação de A para B, do sistema trifásico 345 kV, 60 Hz.

Os condutores têm impedância $R' + jX' = (0,15 + j0,41)\,\Omega/\text{km}/\text{condutor}$. Os TP têm relação 300 000/100 V e os TC são de 400/5 A (tipo 10H200).

Sabendo-se que se deseja uma medição sem compensação de arco voltaico, pede-se para o relé instalado em A:

a) esquema característico das zonas de atuação do relé no que se refere às distâncias que serão protegidas, bem como seus respectivos tempos de atuação (diagrama distância-tempo);

b) idem, com relação aos valores primários;

c) diagrama R-X das diversas zonas de atuação, com os círculos característicos (valores primários);

d) calcular os valores das características elétricas do item b, que são realmente vistos e medidos pelo relé;

e) calcular as resistências de ajuste do relé, de acordo com as informações do catálogo do fabricante (proteção de fase).

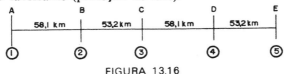

FIGURA 13.16

SOLUÇÃO. Segundo o catálogo do relé, para tensões acima de 145 kV, os relés têm característica de impedância-combinada; como esta última é usada quando é desejável a compensação de arco voltaico, usaremos a primeira.

O ângulo de curto-circuito (ou ângulo da linha) vale

$$\phi_k = \text{arc tg}\frac{X'}{R'} = \text{arc tg}\frac{0,41}{0,15} \quad \text{ou} \quad \phi_k \cong 70°$$

(este valor já eliminaria o uso da característica de condutância, só indicado para $\phi_k \leq 60°$).

Os ajustes do relé, ou seja, os alcances das suas diversas zonas, variam de projetista para projetista, em função de diversos fatores. Vamos adotar, pois, o esquema de ajustes a seguir, aconselhados no catálogo do relé (Fig. 13.17).

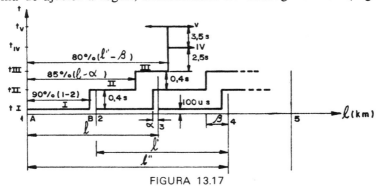

FIGURA 13.17

190 *Introdução à proteção dos sistemas elétricos*

a) Assim sendo, a primeira zona de atuação do relé protege 90% do trecho 1-2 (10% de margem de segurança, levando em conta que a resistência do arco voltaico seja dessa ordem). O tempo de atuação da primeira zona é o tempo próprio do relé, cerca de 50 ms. Então calcula-se o alcance da zona I:

$$Z_I = 90\%(1\text{-}2) = 0,90 \times 58,1 = 52,3 \text{ km},$$
$$\alpha = 10\%(2\text{-}3) = 0,10 \times 53,2 \text{ km} = 5,32 \text{ km},$$
$$l - \alpha = 100\%(1\text{-}2) + 90\%(2\text{-}3) = 58,1 + (53,2\text{-}5,3) \simeq 106 \text{ km}.$$

A segunda zona de atuação protege 80-85% do trecho $(l - \alpha)$. Adotemos 15% de margem de segurança, resultando

$$Z_{II} = 0,85(l - \alpha) = 0,85 \times 106 = 90,1 \text{ km}.$$

Igualmente, para a terceira zona, recalcula-se agora a partir de 2:

$$\alpha' = 10\%(3\text{-}4) = 0,1 \times 58,1 = 5,81 \text{ km},$$
$$l' - \alpha' = 100\%(2\text{-}3) + 90\%(3\text{-}4) = 53,2 + (58,1\text{-}5,8) = 105,5 \text{ km},$$
$$= 0,85(l' - \alpha') = 0,85 \times 105,5 = 89,7 \text{ km}.$$

Igualmente,

$$\beta = 53,2 + 58,1 - 89,7 = 21,6 \text{ km},$$
$$l'' - \beta = 100\%(1\text{-}2) + 100\%(2\text{-}3) + 100\%(3\text{-}4) - \beta,$$
$$= 58,1 + 53,2 + 58,1 - 21,6 = 147,8 \text{ km}.$$

Por sua vez, a terceira zona protege 80% $(l'' - \beta)$, com 20% de margem de segurança, ou seja, seu alcance será

$$Z_{III} = 0,8(l'' - \beta) = 0,8 \times 147,8 = 118,2 \text{ km}.$$

Quanto aos tempos de atuação, teremos, como usual,

na primeira zona, $\quad t_I = 50 \text{ ms},$
na segunda zona, $\quad t_{II} = t_I + 0,4 \text{ s},$
na terceira zona, $\quad t_{III} = t_{II} + 0,4 \text{ s},$
na quarta zona, $\quad t_{IV} = t_{III} + 2,5 \text{ s},$
na quinta zona, $\quad t_V = t_{IV} + 3,5 \text{ s}.$

b) Os valores ôhmicos primários "vistos" pelo relé são

$$Z = \sqrt{R^2 + X^2} = \sqrt{0,15^2 + 0,41^2} = \sqrt{0,1906} = 0,44 \ \Omega/\text{km}.$$

Logo, na primeira zona,

$$Z_{pI} = 0,44 \times 52,3 = 23 \ \Omega,$$
$$Z_{pII} = 0,44 \times 90,1 = 40 \ \Omega,$$
$$Z_{pIII} = 0,44 \times 118,2 = 52 \ \Omega.$$

A Fig. 13.18 resume esses cálculos.

Proteção de linhas

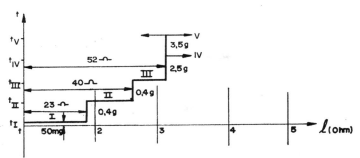

FIGURA 13.18

c) O correspondente diagrama R-X, em valores ôhmicos primários, em escala conveniente (1 cm = 10 Ω) é mostrado na Fig. 13.19

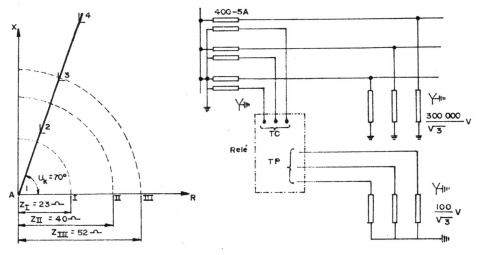

FIGURA 13.19

d) Os valores realmente vistos pelo relé (valores ôhmicos secundários) são calculados assim (veja a Fig. 13.19):

$$Z_s = Z_p \frac{RTC}{RTP},$$

onde

$$\frac{RTC}{RTP} = \frac{400/5}{300\,000/100} = \frac{1}{37,5}.$$

Logo, os valores para calibração do relé serão

$$Z_{sI} = \frac{23}{37,5} = 0,6\ \Omega,$$

$$Z_{sII} = \frac{40}{37,5} = 1,1 \, \Omega,$$

$$Z_{sIII} = \frac{52}{37,5} = 1,4 \, \Omega.$$

e) Cálculo das resistências de ajuste do relé

É preciso consultar o catálogo do fabricante, onde é indicado esse cálculo segundo a expressão

$$r = \frac{2Z_s}{C_1 \cdot C_3},$$

onde C_1 e C_3 são as constantes do relé, cujos valores são

$$C_1 = 0,1; \, 0,2; \, 0,5; \, 1; \, 2;$$
$$C_3 = 1 \ (shunt \ \text{de} \ 50 \, \text{m}\Omega),$$
$$= 2 \ (shunt \ \text{de} \ 100 \, \text{m}\Omega),$$
$$= 3 \ (shunt \ \text{de} \ 200 \, \text{m}\Omega);$$

o fator 2 leva em conta o retorno da corrente.

O ajuste é feito por tentativas, combinando-se Z_s de cada zona, com os disponíveis valores de C_1 e C_3, e selecionando-se na régua de bornes do relé os *shunts* convenientes. Por exemplo, seja

$$C_1 = 0,1, \quad C_3 = 1.$$

Então, viria

$$r_I = \frac{2 \cdot Z_{sI}}{C_1 \cdot C_3} = \frac{2 \times 0,6}{0,1 \times 1} = 12 \, \Omega.$$

Observando-se a régua de bornes do relé, Fig. 13.20, verifica-se que se todos os *shunts* estivessem abertos, a máxima resistência de ajuste possível seria 7,3 Ω. Logo essa escolha não foi boa. Tentamos outra vez com

$$C_1 = 0,5, \quad C_3 = 1.$$

Vem agora

$$r_I = \frac{2 \times 0,6}{0,5 \times 1} = 2,4 \, \Omega \quad (< 7,3 \, \Omega).$$

Como a régua de bornes apresenta um valor fixo de 1 Ω, basta selecionar os demais *shunts* para ajustar r_I, correspondente ao alcance que o relé "verá" em sua primeira zona,

$$r_I = 1 + 0,2 + 0,4 + 0,8 = 2,4 \, \Omega.$$

Para as demais zonas é obrigatório manterem-se os mesmos valores de $C_1 = 0,5$ e $C_3 = 1$. Virá, pois,

$$r_{II} = \frac{2 \cdot Z_{sII}}{C_1 \cdot C_3} = \frac{2 \times 1,1}{0,5 \times 1} = 4,4 \, \Omega.$$

Proteção de linhas

E como as regras-bornes estão montadas em série, basta ajustar

$$r''_{II} = r_{II} - r_{I} = 4{,}4 - 2{,}4 = 2\,\Omega.$$

Para a terceira zona, vem igualmente

ou

$$r_{III} = \frac{2 \cdot Z_{sIII}}{C_1 \cdot C_3} = \frac{2 \times 1{,}4}{0{,}5 \times 1} = 5{,}6\,\Omega$$

$$r'_{III} = r_{III} - r''_{II} - r_{I} = 5{,}6 - 2 - 2{,}4 = 1{,}2\,\Omega.$$

A Fig. 13.20, correspondente à regra de bornes, está indicando como obter esse valor, pela seleção dos *shunts* convenientes:

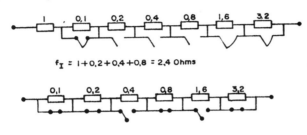

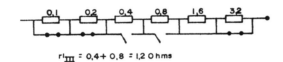

FIGURA 13.20

Como observação final, procederia-se analogamente para o ajuste dos demais trechos, se assim fosse desejado.

EXEMPLO 3. O sistema da Fig. 13.21, deve ser protegido por meios de relés de distância, tipo KD-4 da Westinghouse. Pede-se ajustar a proteção de fase para a primeira e a segunda zonas, correspondentes ao disjuntor 52-1, sabendo-se que os *TC* de bucha disponíveis têm relação 50 a 600-5 A.

SOLUÇÃO

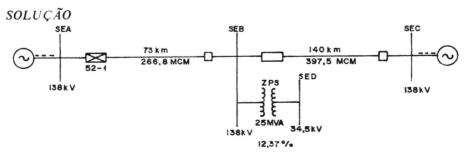

FIGURA 13.21

194   *Introdução à proteção dos sistemas elétricos*

Segundo o catálogo do relé, seu autotransformador (T) tem três tapes $(S = 1, 2, 3)$ no enrolamento principal e, no enrolamento terciário (M), tem mais quatro tapes que podem modificar S em múltiplos de 3%. Assim, o alcance original $(T = 0,87$ a $5,8)$ pode ser expandido dentro de $\pm 1,5\%$ desde 0,737 até 21,3 Ω, conforme a Tab. 13.2, esta fornecendo os ajustes do relé em função de um valor Z_s calculado.

a) Cálculo da impedância da linha *SEA-SEB*

$$Z_{ohm} = Z_{pu} \times Z_{base}.$$

A linha de 73 km, em cabo 266,8 MCM, tem impedância (base 100 MVA)

$$Z_1 = 0,00294053 \text{ pu/km} = 0,00125627 + j0,00265867.$$

Logo, o ângulo da linha é

$$\text{tg}^{-1} \frac{X}{R} = \text{tg}^{-1} \frac{0,00265867}{0,00125627} = 2,116320,$$

ou seja,

$$\theta = 65°.$$

Segundo o fabricante, o relé vem ajustado de fábrica para condição dè conjugado máximo em $\theta = 75°$, e não precisa ser modificado para ângulos de linha iguais ou maiores que 65° (se θ calculado fosse inferior a 65°, dever-se-ia ajustar para $\theta = 60°$, somente para a primeira zona: o catálogo indica o cálculo). Os valores-base escolhidos foram 100 MVA e 138 kV; resulta a impedância-base

$$Z_b = \frac{kV_b^2}{MVA_b} = \frac{138^2}{100} = 190,44 \ \Omega.$$

Assim, a impedância (ohms primários) do trecho *SEA-SEB* será

$$Z_{ohms} = Z_{pu} \cdot Z_{base} = (0,00294053 \times 73) \times 190,44 = 40,8796 \ \Omega.$$

Para a conversão em ohms-secundários, deve-se escolher a *RTC* tal que a corrente primária nominal seja maior que a corrente de carga prevista e maior que $I_{cc\,max}/20$. Seja, pois, $RTC = 300\text{-}5$ A $= 60:1$, na ausência de outros dados. Também $RTP = 138\,000/\sqrt{3}/115/\sqrt{3} = 1\,200:1$.

Então, se ajustarmos a primeira zona para um ponto de equilíbrio cobrindo $K = 90\%$ do trecho a proteger, a impedância secundária "vista" pelo relé será

$$Z_{s1} = Z_p \cdot K_1 \cdot \frac{RTC}{RTP}$$

$$= 40,8796 \times 0,9 \times \frac{60}{1\,200} = 1,8396 \ \Omega.$$

Proteção de linhas **195**

b) Cálculo dos ajustes da primeira zona

Entrando com o valor de Z_s calculado, na Tab. 13.2, o valor mais próximo é 1,86, e que corresponde aos seguintes valores a serem ajustados no relé:

$$T = 2,03, \quad S = 1, \quad M = +0,09, \quad L = 0,09 \quad e \quad R = 0,03.$$

A esse valor tabelado corresponde realmente, conforme o catálogo, uma impedância de

$$Z = \frac{TS}{1 \pm M} = \frac{2,03 \times 1}{1 + 0,09} = 1,86238 \, \Omega.$$

Logo, o erro cometido na aproximação feita será

$$\% = \frac{1,8624}{1,8396} \times 100 = +1,012\%,$$

ou seja, o relé terá um alcance de 101,2% do desejado, o que é ainda muito razoável.

c) Cálculo da impedância da linha *SEB-SEC*

A linha de 140 km, em cabo 397,5 MCM, tem impedância $Z_l = 0,00271532$ pu/km (base 100 MVA).

Como $Z_b = 190,44$, resulta a impedância em ohms-primários: $Z_{ohms} = (0,00271532 \times 140) \times 190,44 = 72,394 \, \Omega.$

Quanto ao alcance da segunda zona, como adotamos $K_1 = 0,90$ para a primeira zona, vamos adotar $K'_2 = 0,70$ (ou seja $K_2 = 1,70$). É preciso tomar cuidado, no entanto, já que há um transformador abaixador entre *SEB* e *SED*. É necessário que $K_2 Z$ seja menor que a impedância entre o primário e o secundário desse transformador, correspondente ao tape de menor impedância; isso para evitar-se que o alcance da segunda zona "veja" além do secundário do transformador, descoordenando-se com a proteção de sobrecorrente deste. No caso, o transformador de 25 MVA tem impedância $Z_{ps} = 0,1237$ pu ou seja $Z_{ps} = 0,4948$ pu na base de 100 MVA ou $Z_{ps} = 94,2297 \, \Omega$. Calculando $K_2 Z$, vem

$$K_2 Z = 0,7 \times 72,394 = 50,6760 \, \Omega,$$

ou seja, o pretendido ajuste da segunda zona ($K_2 = 0,70$) não sobrealcançará o secundário do transformador, como se desejaria.

A impedância total de ajuste da segunda zona é, pois,

$$Z_p = 40,8796 + 50,6760 = 91,555 \, \Omega \text{ primários,}$$

ou, referido aos terminais do relé,

$$Z_{sII} = Z_p \cdot \frac{RTC}{RTP} = 91,555 \frac{60}{1\,200} = 4,577 \, \Omega.$$

d) Cálculo dos ajustes da segunda zona

Da Tab. 13.2, para o valor mais próximo de Z_{sII}, e que é 4,62, vêm

$$T = 4,06, \quad S = 1, \quad M = 0,12, \quad L = 0 \quad e \quad R = 0,09.$$

TABELA 13.2

RELAY SETTINGS FOR KD. 4 & KD. 41 RELAYS															
		$S = 1$					$S = 2$		$S = 3$		M		Lead connection		
$T\,0{,}87$	1,16	1,45	2,03	2,9	4,06	5,8	4,06	5,8	4,06	5,8	$+M$	$-M$	L Lead	R Lead	
0,737	0,98	1,23	1,72	2,46	3,44	4,92	—	9,85	—	14,7	+0,18		0,06	0	
0,755	1,01	1,26	1,76	2,52	3,53	5,04	—	10,1	—	15,1	+0,15		0,06	0,03	
0,775	1,03	1,29	1,81	2,59	3,63	5,18	7,26	10,3	—	15,5	+0,12		0,09	0	L over R
0,800	1,06	1,33	1,86	2,66	3,73	5,32	7,44	10,6	—	15,9	+0,09		0,09	0,03	
0,820	1,09	1,37	1,91	2,74	3,83	5,48	7,65	10,9	—	16,4	+0,06		0,06	0,09	
0,845	1,12	1,41	1,97	2,81	3,94	5,64	7,88	11,3	—	16,9	+0,03		0,03	0	
0,870	1,16	1,45	2,03	2,9	4,06	5,8	8,12	11,6	—	17,4	0	0	0	0	
0,897	1,20	1,49	2,09	2,99	4,18	5,98	8,36	11,9	—	18,0		−0,03	0	0,03	
0,925	—	1,54	2,16	3,09	4,32	6,18	8,65	12,3	—	18,6		−0,06	0,09	0,06	
0,955	—	1,59	2,23	3,19	4,47	6,38	8,93	12,7	—	19,2		−0,09	0,03	0,09	R over L
—	—	1,65	2,31	3,29	4,62	6,60	9,13	13,2	—	19,8		−0,12	0	0,09	
—	—	1,71	2,39	3,41	4,77	6,82	9,55	13,7	—	20,5		−0,15	0,03	0,06	
—	—	—	—	—	—	7,08	—	14,1	14,3	21,3		−0,18	0	0,06	

Proteção de linhas 197

A isso corresponde

$$Z = \frac{TS}{1 \pm M} = \frac{4,06 \times 1}{1 - 0,12} = 4,6136 \, \Omega,$$

e o erro de

$$\% = \frac{4,6136}{4,577} \times 100 = +1\%.$$

e) Fixação das temporizações

Adotaremos para a segunda zona a temporização de 0,3 s, feita por meio de um temporizador TD-5, consideradas outras informações não fornecidas no enunciado.

EXERCÍCIOS

1. Uma linha utiliza 40% de compensação com capacitores-série, conforme a Fig. 13.22. Pede-se representar em um diagrama R-X, tomando a locação do relé como origem, o trecho de linha com os capacitores inseridos, bem como um relé mho ajustado para $j0,90$. Considerar a locação dos capacitores no início e meio da linha, respectivamente, comentando os resultados de operação ou não do relé.

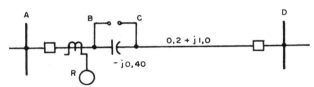

FIGURA 13.22

2. Deseja-se proteger uma linha trifásica de 69 kV, extensão de 8,045 m, com um relé de reatância tipo GCX, da General Electric. A máxima corrente de carga é de 450 A, e a impedância da linha corresponde a $(0,087 + j0,50)$ Ω/km. Pede-se o ajuste do relé, para o caso de levar-se a proteção de segunda zona até um valor de 1,5 Ω secundários e a terceira zona a 2,75/80° Ω.

3. Um sistema de transmissão de 380 kV, trifásico, singelo, consta de quatro trechos de linha com 100; 50; 150 e 200 km de extensão, respectivamente. A impedância específica da linha é de 0,2 Ω/km.

Para relés de impedância colocados no início do trecho de 50 km, e supondo $\theta = \tau = 80°$, pede-se:

a) esquema característico das zonas de atuação do relé, no que se refere às distâncias, e valores de impedâncias primárias correspondentes, bem como tempos de atuação, que serão protegidas.

b) traçar os círculos de impedância no diagrama R-X para as zonas de atuação do relé.

CAPÍTULO 14

COORDENAÇÃO DA PROTEÇÃO DE UM SISTEMA

14.1 Introdução

Um sistema elétrico deve ser equipado com diversos dispositivos protetores, estrategicamente situados, destinados a protegê-lo efetiva e seguramente contra todos os defeitos de isolamento ou outros funcionamentos anormais.

Nos capítulos anteriores foram apresentados muitos desses dispositivos, principalmente relés, aos quais se juntam os fusíveis, os disparadores de ação direta, etc. Os fusíveis e disparadores são encontrados, particularmente, nos sistemas elétricos industriais.

Tais dispositivos não atuam independentemente; ao contrário, suas características de operação devem guardar entre si uma determinada relação, de modo que uma anormalidade no sistema possa ser isolada e removida sem que as outras partes do mesmo sejam afetadas. Isto é, os dispositivos protetores devem ser coordenados para operação seletiva.

Nessas condições, podemos dizer que as finalidades da coordenação seriam:

a) isolar a parte defeituosa do sistema, tão próximo quanto possível de sua origem, evitando a propagação das conseqüências;

b) fazer esse isolamento no mais curto tempo, visando a redução dos danos.

São usados para isso, tanto dispositivos detetores, como os fusíveis, os disparadores, e os relés que vigiam constantemente os circuitos, como também dispositivos interruptores que desligam os circuitos quando necessário.

Um primeiro passo nesse estudo, seria a determinação das condições de operação (nominais, máxima e mínima, de sobrecarga), de defeito (diversas correntes de curto-circuito), e mesmo de situações excepcionais como partida de motores, magnetização dos transformadores, etc. Necessita-se, pois, de um perfeito conjunto de informações iniciais, obtidas nas placas dos equipamentos, catálogos, medições diretas no campo ou dadas pelos fabricantes.

14.2 Princípios de coordenação

Costumamos dizer que dois dispositivos em série, ou cascata, estão coordenados se seus ajustes são tais que ao segundo dispositivo, mais próximo da

Coordenação da proteção de um sistema **199**

fonte, é permitido eliminar a falta caso o primeiro, mais próximo do defeito, falhe na atuação. Denomina-se tempo ou degrau de coordenação o intervalo de tempo que separa as duas hipóteses anteriores, e que deve cobrir pelo menos o tempo próprio do disjuntor, mais o tempo próprio do relé e uma certa margem de tolerância; por exemplo, em sistemas industriais (disjuntores de 8 Hz), tal degrau é da ordem de 0,4-0,5 s.

Naturalmente, na busca de uma perfeita coordenação devemos respeitar a) certas diretrizes para ajuste dos dispositivos; b) as limitações de coordenação fixadas pelos códigos; c) o desempenho térmico e dinâmico dos equipamentos envolvidos; etc. Isso conduz o projetista a analisar, por vezes, muitos fatores aparentemente contraditórios, polêmicos mesmo, tendo em vista aspectos de segurança, economia, simplicidade, previsão de expansão, flexibilidade, facilidade de manutenção e custo, por exemplo. É pois nossa intenção, apenas delinear o problema geral da coordenação, deixando consciente e deliberadamente ao leitor a busca da imprescindível aprendizagem própria e análise de risco em suas decisões futuras.

14.3 A geometria da proteção

É assim denominada a superposição, em um mesmo plano (tempo-corrente, corrente-tensão, resistência-reatância, etc.), das características do sistema e dos dispositivos de proteção, com a finalidade de examinar o comportamento destas em relação àquelas.

A principal vantagem é uma clara visualização do comportamento dos diversos dispositivos, face às condições existentes no sistema. Nesse trabalho utilizamos particularmente os planos tempo-corrente, no ajuste da proteção de sobrecorrente, e resistência-reatância no ajuste da proteção de distância.

Para melhor esclarecer esse tipo de trabalho, iremos desenvolver a seguir um processo de coordenação, aplicado apenas a dispositivos de sobrecorrente, aproveitando para apresentar concomitantemente algumas diretrizes de ajuste e limitações de normas, para mostrar um raciocínio-roteiro a que comumente se sujeitam os projetistas de proteção. Ainda mais, vamos desenvolver a verificação gráfica de tal coordenação, complementando as noções adquiridas nos capítulos anteriores, por ser um método bastante usual, simples e claro.

14.4 Método de verificação gráfica de coordenação da proteção de sobrecorrente

Seja o sistema dado pelo diagrama unifilar da Fig. 14.1 para o qual pretendemos ajustar a proteção de fase, utilizando relés de sobrecorrente tipo IAC-51, da General Electric.

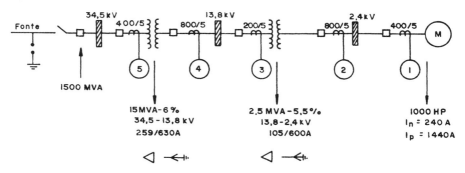

FIGURA 14.1 Esquema unifilar do sistema

a) Característica do sistema

O primeiro passo na seleção dos ajustes de dispositivos de proteção é o cálculo das correntes de curto-circuito. Para isso, deve-se obter previamente outras informações como:

tipo, comprimento e bitola dos condutores;
potência, tensões, impedâncias dos motores e transformadores;
relação de transformação e carga dos transformadores de instrumento;
modelo, tapes disponíveis, curvas tempo-corrente dos relés, etc.

No caso presente, escolhendo-se as bases de 15 000 MVA e 2,4 kV, obtêm-se as seguintes correntes trifásicas de curto-circuito:

TABELA 14.1

Barra	I_{cc} simétrica	Fator	I_{cc} assimétrica
34,5 kV	361 000 A	1,6	577 000 A
13,8	51 500	1,6	82 400
2,4	9 020	1,5	13 500

b) Uso da folha-padrão KE-336E

Trata-se de uma folha transparente em escalas logarítmicas nos eixos horizontal (corrente) e vertical (tempo), semelhante àquelas em que os fabricantes fornecem as curvas características de seus dispositivos, permitindo o trabalho de superposição direta das mesmas, com auxílio de um "copiômetro" ou retroprojetor. Nessa folha (veja a Fig. 14.3) costuma-se:

marcar as correntes nominais na parte superior, as correntes de curto-circuito na parte inferior;
traçar no canto superior direito o diagrama unifilar do sistema em estudo;
marcar outras informações (correntes de partida, de magnetização, etc.), como adiante citado;
marcar o nível de tensão de referência (o menor, em geral), junto à escala de correntes de curto-circuito.

Coordenação da proteção de um sistema

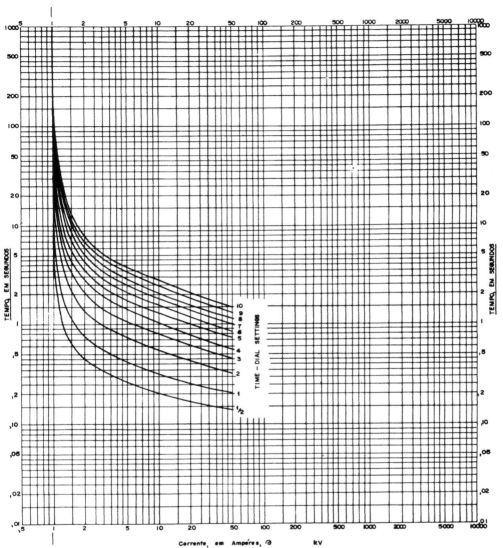

FIGURA 14.2 Curvas tempo corrente do relé IAC 51

c) Localização dos transformadores no plano $I \times t$

Os transformadores devem obedecer os limites de sobrecarga e correntes de magnetização normalizados.

i) Ponto ANSI

Corresponde ao máximo valor de corrente simétrica de curto-circuito que o transformador pode suportar durante certo tempo (Tab. 14.2), determinado pelas Normas Técnicas ANSI (antiga ASA).

Introdução à proteção dos sistemas elétricos

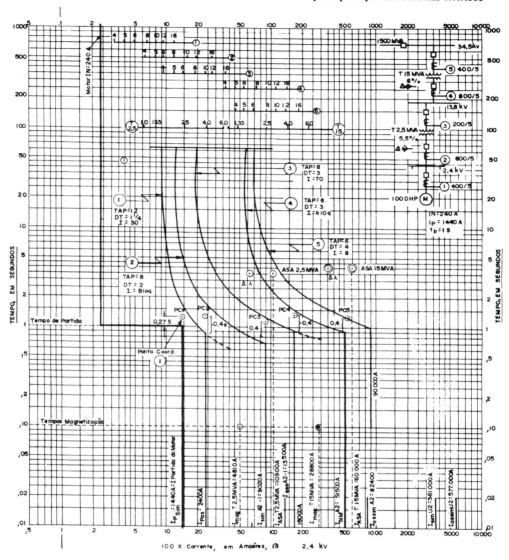

FIGURA 14.3 Verificação gráfica de seletividade

TABELA 14.2 Tabela ANSI

Impedância % do transformador	I_{cc} max simétrico, em múltiplo de I_n (A)	Tempo admissível, em segundos
4 %	25 I_n	2
5	20 I_n	3
6	16,6 I_n	4
7	14,3 I_n	5

Coordenação da proteção de um sistema **203**

Para o transformador de 15 MVA, vem

$$I_n = \frac{P}{\sqrt{3}\,U} = \frac{15\,000}{\sqrt{3} \times 34,5} = 252 \text{ A.}$$

Logo, a máxima corrente permissível durante 4 s $(Z\% = 6\%)$ é

$$16,6\,I_n = 252 \times 16,6 = 4\,160 \text{ A.}$$

Como é usual escolher-se a menor tensão de barra para representar as correntes na folha-padrão virgem, usaremos a tensão 2,4 kV, resultando para esse transformador a conversão

$$4\,160 \times \frac{34,5}{2,4} = 60\,000 \text{ A.}$$

Loca-se, pois, o ponto representativo do transformador em (60 000 A × 4 s

Igualmente, para o transformador de 2,5 MVA, com $Z\% = 5,5\%$, fazendo-se as interpolações, viria

$$\frac{20 + 16,6}{2}\,I_n \times \frac{3 + 4}{2}\text{ s,}$$

ou seja

$$18,3\,I_n \times 3,5 \text{ s.}$$

Logo,

$$18,3\,\frac{2\,500}{\sqrt{3} \times 13,8} = 18,3 \times 105 = 1\,920 \text{ A,}$$

que, referido à tensão de 2,4 kV, fornece

$$1\,920 \times \frac{13,8}{2,4} = 10\,900 \text{ A.}$$

Loca-se-o, pois, em (10 900 A × 3,5 s).

ii) Correntes de magnetização

É preciso que os relés não atuem na energização dos transformadores. Na falta de dados do fabricante, vamos admitir que a corrente de magnetização seja de $8\,I_n$ com duração de 0,1 s; virá

$$T\,15\,\text{MVA:} \qquad 8\,I_n = 8 \times \frac{15\,000}{\sqrt{3} \times 34,5} = 201 \text{ A,}$$

que, referido à barra de 2,4 kV, dá

$$201 \times \frac{34,5}{2,4} = 28\,800 \text{ A,}$$

$$T\,2,5\,\text{MVA:} \qquad 8\,I_n = 8 \times \frac{2\,500}{\sqrt{3} \times 13,8} = 843 \text{ A,}$$

ou

$$843 \times \frac{13,8}{2,4} = 4\,810 \text{ A.}$$

204 *Introdução à proteção dos sistemas elétricos*

Locam-se, então, os valores das correntes de magnetização nos pontos de coordenadas (28 800 A × 0,1 s) e (4 810 A × 0,1 s).

Então, a curva do relé protetor de cada transformador deve-se localizar acima do ponto de magnetização e abaixo do ponto ANSI, correspondentemente (veja a Fig. 14.4).

d) Localização do motor no plano $I \times t$

É usual fazer-se a coordenação para o ramal que contém o maior motor. Consultando-se o catálogo do fabricante, ou realizando oscilogramas, obtêm-se os valores médios correspondentes à partida do motor (corrente e tempo):

$$I_p = 1\,440 \text{ A}, \qquad t_p = 1 \text{ s}.$$

Como esse par de coordenadas será o limite esquerdo na folha-padrão, e já que I_n do motor é de 240 A, vamos usar o múltiplo 100 na escala de correntes, traçando uma vertical a partir de 240 A (parte superior da Fig. 14.3) e locando as coordenadas de partida (a partir de 1 440 A na parte inferior da Fig. 14.3). Esse ponto representativo do motor (1 440 A × 1 s) é a base para o traçado sucessivo das curvas tempo-corrente dos relés 1 a 5, e que ficarão à direita do mesmo.

e) Localização dos tapes dos relés no plano $I \times t$

No catálogo do relé IAC-51, verifica-se que há os seguintes tapes disponíveis: 4, 5, 6, 8, 10, 12, e 16 A. Embora não seja obrigatório, é útil locá-los na folha-padrão, em barretas, organizando previamente uma tabela de cálculo. Esta é obtida, para cada tape, em função da relação do transformador de corrente (RTC), da tensão da barra em apreço (V) e da tensão da barra de referência escolhida $(V_b = 2,4 \text{ kV})$, por meio da expressão

$$K = RTC \times \frac{V}{V_b} \times \text{tape}.$$

Por exemplo, para o tape 4 A do relé n.º 1, viria

$$K_4^1 = \frac{400}{5} \times \frac{2,4}{2,4} \times 4 = 320 \text{ A},$$

e para o tape 16 A do relé n.º 4

$$K_{16}^4 = \frac{800}{5} \times \frac{13,8}{2,4} \times 16 = 14\,720 \text{ A}.$$

Resulta, pois, a tabela a seguir (Tab. 14.3).

Na Fig. 14.3, tais barretas foram locadas, convenientemente, para facilitar a escolha dos tapes (nem sempre serão os mais próximos aos valores nominais).

f) Localização das barretas para os transformadores

Semelhantemente, convém traçar as barretas representativas dos transformadores, para as condições pré-fixadas e normalizadas.

Coordenação da proteção de um sistema

TABELA 14.3 Tabela de conversão de tapes ($V_l = 2.4$ kV)

Relé \ Tape	4 A	5 A	6 A	8 A	10 A	12 A	16 A	RTC	V
1	320	400	480	640	800	960	1 280	400/5	2,4
2	640	800	960	1 280	1 600	1 920	2 560	800/5	2,4
3	920	1 150	1 380	1 840	2 300	2 760	3 680	200/5	13,8
4	3 680	4 600	5 520	7 360	9 200	11 040	14 720	800/5	13,8
5	4 600	5 750	6 900	9 200	11 500	13 800	18 400	400/5	34,5

Realmente, suponhamos que os transformadores possam permitir uma sobrecarga de até 133 %. Ainda mais, conhecemos das Normas Técnicas que:

o dispositivo de proteção do ramal secundário do transformador é regulado, no máximo, para $2,5 I_{n2}$;

o dispositivo de proteção de sobrecorrente do primário do transformador é regulado da forma que segue.

TABELA 14.4

Há dispositivo protetor de sobrecorrente no secundário?	O dispositivo primário de sobrecorrente ajusta-se para :
Sim	$\leqslant 4 \quad I_{n1}$ se $Z\% = 6$ a 10% $\leqslant 6 \quad I_{n1}$ se $Z\% < 6\%$
Não	$\leqslant 2,5 I_{n1}$

É, pois, necessário calcular-se os valores 1,33; 2,5; 4,0 e $6,0 I_{nT}$ para cada transformador e locar as barretas correspondentes na Fig. 14.3:

TABELA 14.5

Transformador \ Percentagem	133 %	250 %	400 %	600 %	I_{n1}
15 MVA (34,5 kV)	335	630	1 000	1 500	252
2,5 MVA (13,8 kV)	140	252	420	630	105
15 MVA (2,4 kV)	4 820	9 050	14 400	21 600	3 630
2,5 MVA (2,4 kV)	805	1 445	2 410	3 620	600

g) Localização da curva do relé n.º 1

Trata-se do relé de sobrecorrente protetor do motor. Logo, sua curva deve ficar acima do ponto correspondente às condições de partida ($I_p \times t_p$), com alguma margem.

206   *Introdução à proteção dos sistemas elétricos*

Vamos admitir que neste estudo estabeleçamos o degrau de temporização de 0,4 s entre os relés em cascata. Isso equivale, aproximadamente, ao seguinte:

tempos do disjuntor de 8 Hz e relé	$\simeq 0,13$ s
tolerância de fabricação	$\simeq 0,10$ s
segurança do projetista	$\simeq 0,17$ s
Total	$\simeq 0,40$ s

Então, como o relé do motor não tem que esperar nenhum dispositivo jusante operar, basta adotar $t = 0, 10 + 0, 17 = 0,27$ s acima das coordenadas de partida, obtendo-se o primeiro ponto de coordenação PC-1, da Fig. 14.3.

Para o traçado da curva do relé n.° 1, lançamos mão das curvas tempo--corrente, fornecidas pelo fabricante em papel transparente e das mesmas dimensões que a folha-padrão KE-336 (Fig. 14.2). Como faremos superposição das duas folhas, é útil usar um copiômetro (caixa com lâmpada interior e vidro na tampa) ou um retroprojetor, ou mesmo uma outra superfície transparente como a vidraça de uma janela.

Ora, como o transformador de 2,5 MVA admite sobrecarga de 133%, a curva do relé deverá passar à direita dos pontos 133% e de coordenação n.° 1. Verifica-se, pois, que na barreta do relé n.° 1, e na prumada de 133%, serviriam apenas os tapes 10-12 ou 16 A. Escolhamos o tape n.° 12. Em seguida colocamos a folha virgem sobre a folha de curvas ($I \times t$) do relé, tal que ajustando as linhas verticais e horizontais, o múltiplo 1 da folha do relé fique exatamente por baixo da prumada correspondente ao tape 12 A. Em seguida, basta decalcar, a lápis, sobre a folha virgem uma curva de DT que passe imediatamente acima do primeiro ponto de coordenação, ou seja $DT = 1\frac{1}{4}$ (interpolado entre $DT = 1$ e $DT = 2$).

A unidade instantânea do relé é sempre ajustada em função da corrente assimétrica, ou seja, cerca de $1,5 \times I_p = 1,5 \times 1\,440$ A $= 2\,160$ (fator 1,5 por ser a barra de tensão inferior a 5 kV). Seja $I_{pas} = 2\,400$ A, e tracemos a vertical correspondente até cortar a curva de DT já traçada, e cujo final pode ser apagado (antes de passar tinta nanquim, se for o caso). Esse ajuste de 2 400 A cobre também possíveis sobrecorrentes resultantes de variações de tensão da rede, além de ajustar-se o instantâneo do relé em 30 A, pois que $I_{pas}/RTC = 2\,400 \div 400/5 = 30$ A. (O relé tem disponibilidade de ajuste entre 20-80 A).

Então, o relé n.° 1 fica assim ajustado:

$$\text{tape } 12\,\text{A}; \quad DT = 1\tfrac{1}{4}; \quad I = 30 \text{ A}.$$

h) Localização da curva do relé n.° 2

O relé n.° 2 está no secundário do transformador de 2,5 MVA. Logo, sua curva deve passar entre os correspondentes pontos de magnetização e ANSI já locados. Para achar o segundo ponto de coordenação ($PC2$), basta marcar 0,4 s acima da intercessão de $DT = 1\frac{1}{4}$ e $I_{pas} = 2\,400$ A.

Em seguida, como foi dito anteriormente, o ajuste do dispositivo de sobrecorrente no secundário do transformador não deve ultrapassar $2,5\,I_n$. Logo,

Coordenação da proteção de um sistema **207**

observando-se as barretas do $T\,2,5\,MVA$ e do relé n.º 2, verifica-se que satisfazem apenas os tapes inferiores a 8, à esquerda da prumada de $2,5\,I_n$, mas não inferiores a 6 (para não cruzar as características dos relés n.ºs 1 e 2), ou seja, entre 133% e $250\%\,I_n$. Fixa-se, pois, o tape 8 A, e fazendo novamente a superposição das curvas, colocando o múltiplo 1 da Fig. 14.2 sob a prumada do tape 8 A escolhido, decalca-se a curva de $DT = 2$ passando imediatamente acima de $PC2$, na Fig. 14.3. Resulta, pois, o ajuste em tape 8 A e $DT = 2$.

Quanto à unidade instantânea do relé n.º 2, ficará bloqueada já que a impedância existente entre os relés 1 e 2 é insuficiente para uma discriminação segura de tempo de funcionamento entre eles. No caso, há apenas um trecho de cabo, de baixa impedância (por exemplo cerca de $0,2\,\Omega/km$, para cabo 250 MCM de seção), desprezível face à impedância representada pelo motor; é melhor, pois, deixar inoperante essa unidade instantânea.

Como verificação, a curva do relé n.º 2 está entre os correspondentes pontos de magnetização e ANSI do $T\,2,5\,MVA$.

i) Localização da curva do relé n.º 3

Como o relé n.º 2 deve "ver" qualquer curto-circuito na barra de $2,4\,kV$, inclusive a $I_{sim} = 9\,020\,A$, traça-se essa prumada até encontrar a curva de $DT = 2$, e, a partir daí marca-se o degrau de temporização de $0,4\,s$, obtendo-se o terceiro ponto de coordenação ($PC3$).

Quanto ao ajuste desse relé, e que está no primário do transformador, e segundo a Tab. 14.5, já que o $T\,2,5\,MVA$ tem dispositivo de proteção de sobrecorrente no secundário, e $Z\% < 6\%$, seu ajuste deve ser inferior a $600\%\,I_n$. Observando-se, pois, as barretas do $T\,2,5\,MVA$ e do relé n.º 3, verifica-se que seria possível usar os tapes 6-8-10-12.

Escolhemos o tape 8 A que já impede o cruzamento das curvas dos relés 2 e 3, e ao mesmo tempo deixa o transformador com proteção bem sensível. Fazendo novamente a superposição e o decalque, resulta $DT = 3$.

Para o ajuste da unidade instantânea, vamos adotar valor pouco acima de $I_{as} = 1,5 \times 9\,020 = 13\,500\,A$ da barra de $2,4\,kV$; ou seja, para $16\,000\,A$ resultaria através do $RTC = 200/5$ e, referido à barra de $2,4\,kV$,

$$I = \frac{16\,000}{200/5} \times \frac{2,4}{13,8} \simeq 70\,A.$$

Então, o ajuste do relé n.º 3 será

$$tape = 8\,A, \quad DT = 3, \quad I = 70\,A.$$

j) Observação sobre a conexão triângulo-estrela dos transformadores

Constata-se que o ajuste dos relés do transformador, ou seja, o posicionamento das curvas correspondentes, deve ficar determinado como na Fig. 14.4. No entanto, se a conexão do transformador é triângulo-estrela, resulta que uma falta fase-terra no lado estrela (secundário), é vista no lado primário com valor de apenas 58%. Então, é preciso deslocar o ponto ANSI 58% para a esquerda, e fazer a verificação de enquadramento. Na realidade, $0,58 \times 10\,900 =$

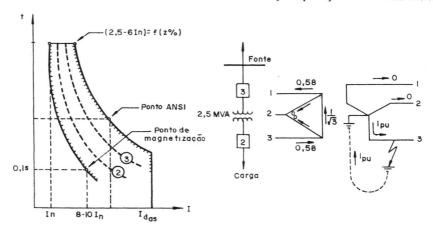

FIGURA 14.4   Detalhes de ajuste de curvas de relés

= 6 500 A ainda está acima da curva do relé n.º 3, confirmando a afirmativa anterior, dispensando consideração sobre específica proteção de falta à terra.

l) Localização das curvas do relé n.ᵒˢ 4 e 5

A prumada sobre $I = 16\,000$ A, intercepta a curva de $DT = 3$ do relé 3; marcando 0,4 s acima, obtém-se $PC4$ para ajuste do relé n.º 4, em tudo semelhante ao relé n.º 2. Procedendo, pois, semelhantemente, chegar-se-ia aos ajustes

Relé 4: tape = 6 A $DT = 3$ I = bloqueado,
Relé 5: tape = 6 A $DT = 4$ $I = 80$

m) Resumo dos ajustes

TABELA 14.6

Relé \ Ajuste	Tape (A)	DT	Instantâneo (A)
1	12	$1^{1/4}$	30
2	8	2	Bloqueado
3	8	3	70
4	6	3	Bloqueado
5	6	4	80

14.5   Conclusões

A bibliografia consultada indica uma série de outras regras para ajuste de fusíveis, disparadores e relés. No entanto, as linhas gerais foram descritas com

Coordenação da proteção de um sistema **209**

suficiente detalhe, deixando-se ao leitor o trabalho de aprofundar no assunto, na medida de suas necessidades futuras.

Quanto à coordenação de relés de distância, basta observar as regras citadas nos capítulos anteriores. É importante dizer-se que cada projetista, escritório técnico, ou concessionário tem suas próprias *regras de bolso*, e que precisam ser consultadas conveniente e oportunamente. Nossa intenção foi apenas mostrar uma dessas formas de solução do problema de coordenação da proteção, de modo didático mas certamente não-completo.

BIBLIOGRAFIA

ATABEKOV, G. I., *The Relay Protection of H. V. Networks*, Pergamon Press

BEEMAN, D., *Industrial Power System Handbook*, McGraw-Hill, 1955

BROWN, G., *Hydro-electric Engineering Practice*, Blackie & Son Limited

BUCHHOLD — HAPPOLDT, H., *Centrales y Redes Electricas*, Labor S.A., 1971

CAMINHA, A. C., *Realidade e Mitos na Paradoxologia da Proteção*, Editora EFEI, 1970

CAMINHA, A. C., *Metodologia de Coordenação da Proteção em Sistemas Industriais de Grande Porte*, Editora EFEI, 1974

CARNEVALLI, A. G., *Proteção Diferencial*, Editora EFEI, 1974

CLARCK, H. P., *Protective Relaying*, Power Technology Inc., 1974

CLARKE, E., *Circuit Analysis of A.C. Power Systems*, John Wiley, 1943

CARR, T. H., *Electric Power Stations*, Chapman and Hall, 1961

CATÁLOGOS DIVERSOS, General Electric, Westinghouse, Siemens, Brown-Boveri, ASEA, Oerlikon, CdC-Schlumberger, English Electric, ICE, etc.

CENTRAL ELECTRICITY GENERATING BOARD, *Modern Power Station Practice*, Pergamon Press

COLEÇOES DE PERIÓDICOS, I. E. E. E., I. E. E., CIGRE, R. G. E., etc.

CURI, M. A., *Centrais e Subestações*, Editora EFEI, 1973

FAVRAUD, J., *Fonctionnement et Protection des Resaux de Distribuition*, CPE de Nanterre, 1967

GENERAL ELECTRIC COMPANY, *Static Relays for Power Systems*

HENRIET, P., *Fonctionnement et Protection des Resaux de Transport d'Electricité*, Gauthiers-Villars, 1963

KAUFMAN, M., *The Protective Gear Handbook*, Pitman

KNABLE, A. H., *Electrical Power Systems Engineering*

KIMBARK, E. W., *Power System Stability*, John Wiley

KNOWLTON, A. E., *Manual Standard del Ingeniero Electricista*, Labor, S. A., 1953

LYLE, A. G., *Major Faults on Power Systems*, Chapman & Hall

MASON, C. R., *The Art and Science of Protective Relaying*, John Wiley, 1956

MAUDUIT, A., *Installations Electriques a Haute et Basse Tension*, Dunod

MILASCH, A. A., *Proteção de Geradores*, Editora Furnas, 1974

MONSETH, I. T. e ROBINSON, P. H., *Relay Systems*, McGraw-Hill

MOORE, A. H. e ELONKA, S. M., *Electrical Systems and Equipment for Industry*, Van Nostrand, 1971

PETARD, M., *Generalité sur la Protection des Resaux d'Energie*, CPE de Nanterre, 1961

RENNÓ, R. C., *Usinas Hidroelétricas*, Editora Fundação IEI, 1956

SCHLUMBERGER, *Emploi des Relais pour la Protection des Reseaux et Installations Electriques*, Compteurs Schlumberger

STEVENSON, W. D., Elements of Power System Analysis, McGraw-Hill, 1962

Bibliografia

THE ELECTRICITY COUNCIL, *Power Systems Protection*, MacDonald
THE ENGLISH ELECTRIC CO. LIMITED, *Protective Relays Application Guide*, 1968
TITARENKO, M., *Protective Relaying in Electric Power Systems*, Foreign L. P. Houses
WARRINGTON, A. R. Van C., *Protective Relays*, Chapman-Hall, 1962-69
WELLMAN, F. E., *The Protective Gear Handbook*, Pitman
WESTINGHOUSE ELECTRIC CORPORATION, *Applied Protective Relaying (Relay Instrument Division)*
WESTINGHOUSE ELECTRIC CORPORATION, *Electrical Transmission and Distribution Reference Book*, 1950
ZOPPETTI, G. J., *Estaciones Transformadoras y de Distribuicion*, Gustavo Gili, 1955